# 第 3 單元

# 木工機具操作輕鬆學

王龍盛　老師

王龍盛：
國立台灣科技大學營建工程系學士。
國立台灣科技大學建築研究所碩士。
高雄市立中正高工建築科專任教師。
國立高雄第一科技大學營建系兼任講師。
泥水工甲級技術士 ( 證書號碼：009-000114)。
建築工程管理甲級技術士 ( 證書號碼：069-000142)。
國際技能競賽砌磚國手訓練師 (1995、2013、2015、2017)。
國際技能競賽建築鋪面國手訓練師 (1999、2001)。
技術士檢定「建築製圖應用」職類甲、乙、丙級監評。
全國技能競賽指導學生參賽「砌磚、粉刷及建築鋪面」等三職類等共獲 5 金、7 銀、7 銅。
教育部工科技藝競賽指導學生參賽共獲「建築」職種金手獎共 6 屆。
高雄市中小學科展指導學生獲獎累計 5 次。
中華民國對外貿易發展協會傢俱設計競賽設計組獲「入選」獎 (1994)。
高雄市職業工會木工初階、進階級班共同講師 (2013、2014)。
歡喜「動手室內裝修工程實作」的 Maker。
「實用教學」力行者。

# 司長序

　　技職教育係以實務教學與實作能力之培養為核心價值，相較於普通教育，「務實致用」是技職教育的最大特色。技職人才之培育，不僅是各領域實作技術之傳承與精進，更肩負起帶動產業朝向創新發展的重責大任，因此，奠定專業實作能力與創新能力，是彰顯技職教育價值的關鍵。

　　為因應世界潮流趨勢，並發展學校特色，國立高雄第一科技大學於2010年提出非常具有前瞻性的校務發展目標：轉型為「創業型大學」，可謂是國內推動創新創業教育的技職先鋒，也獲教育部指定為「創新自造教育南部大學基地」，成果卓越，備受肯定。在傳統重視升學的教育體制下，學生的創意及實作能力漸被忽略，導致創新能力普遍不足，感謝國立高雄第一科技大學當火車頭，引領創新創業風潮，重視學生創意思維、獨立思考及跨域學習，鼓勵學生動手做、試錯、實踐創意，充分發揮創客(Maker)精神，正好符應教育部「從做中學」及「務實致用」之技職教育定位，以及推動大專校院知識產業化的政策方向。

　　隨著創意、創新、創業及創客之四創教育風潮興起，相關教材使用需求大增，國立高雄第一科技大學是推動四創教育的技職標竿學校，除了提供學生完善的學習機制與環境，近年來更陸續出版多本實用的相關教材，並秉持分享交流精神，對各大專校院推動創新創業教育貢獻良多。今該校教師合力編著《創意實作》，將動手實作的精神融入課程及日常生活中，且透過一本書就能學會9種技能，並了解國內外創客趨勢與介紹，實是跨領域教學及學習的最佳入門書籍，值得各界大力推廣，希望以達成人人都是Maker為目標，帶動國內產業創新與經濟的蓬勃發展。

蔡英文總統曾表示「技職教育應該是主流教育，推崇職人是一項值得發揚的傳統，而技職教育的實力，就是台灣的競爭力」。期許未來技職教育所培育之學生，能同時具備實作力、創新力及就業力，成為產業發展的重要支柱，及國家未來經濟發展、技術傳承與產業創新之重要推力。

教育部技職司

司長 楊玉惠 謹識

2018 年 1 月

# 校長序

「創客」（Maker）一詞，近幾年在全球迅速崛起，創客教育更是目前最夯的教育議題，國際競爭力不再僅是技術間的相互競技，而是取決於能產出多少創新能量。想要培養創新能力，第一步就要從校園扎根做起，透過翻轉教學，培育學生主動思考、發掘問題的能力；更重要的是，鼓勵動手實作，並從失敗中汲取成功元素，充分發揮 Maker 精神。

本校自 2010 年轉型為全國第一所創業型大學，致力於培養學生的創新力、實作力、跨域力及就業力，不僅於 2015 年興建完成「創夢工場」、2016 年興建完成「創客基地」，獲教育部指定為「創新自造教育南部大學基地」，成為南台灣創業教育智庫，並於 2016 年得到國際 FabLab (Fabrication Laboratory) 全球 Maker 組織認證，全國僅本校與臺北科技大學兩所大學獲得該認證。同時，也與 180 餘所各級學校及教育局處和民間創客基地代表，於 2016 年簽署「創客教育策略聯盟」，希望能帶動南部自造運動的發展，培養新世代的自造者人才。

為提供完整的創意、創新、創業與創客四創教育，本校除開設「創意與創新學分學程」及「創新與創業學分學程」，並於 104 學年度率全國之先，首將「創意與創新」列為全校共同必修課程。「工欲善其事，必先利其器」，為因應四創教育之教學需求，本校自 2011 年起陸續出版相關教材，包括《創新與創業》、《創業管理》、《創新創業首部曲》、《服務創新》、《方法對了，人人都可以是設計師》等，希望透過這些教材輔助教學，產生事半功倍的效果，讓師生透過案例教學，激發創意與創新思維，並奠定創業的基礎知能。

「跨領域，才搶手」，業界對跨領域人才求才若渴，為了精進跨領域課

程，本校邀集全校 9 位不同專業背景的老師，以「創夢工場」及「創客基地」的實作設備為主，共同合作編撰《創意實作》。目前市面上的書籍大多集中在單一專業，本書則著重在跨領域教學及學習，希望藉由淺顯易懂的方式，講解設備操作步驟，讓讀者能輕鬆學會該單元設備的基本操作及實際練習。本書從創意、創新，延伸到創意實作，是創客教育及跨領域教育必備的一本好書。

　　Maker 是一種精神，一種文化，一種生活態度，更是一種實踐能力。期許本書能成為學習動手實作的最佳幫手，為台灣創客教育貢獻一份心力，也祝福所有勇於追夢、築夢的青年朋友們，能透過本書實踐自己的夢想，創造一個無限可能的未來！

校長 陳振遠 謹識

2018 年 1 月

# 課程引言

在現今的社會，網路的全球化趨勢，使得國際競爭力不再是技術之間的相互競技，而是在於你能創造出多少的創新能量。當我們思考該如何在這樣的創新世代趨勢中去培養創新能力時，最大的影響力，就是從校園開始向下扎根。透過學校的教育翻轉，讓學生學會思考、學會分享、學會自己發掘問題，更重要的是，學會自己動手實作的態度。

國立高雄第一科技大學率先在 2010 年宣示轉型為「創業型大學」，致力於培育學生「具備創新的特質，以及創業家的精神」，透過課程來落實培育學生具備「創意思維、跨域合作、數位製造、創業實踐」，並於 2016 年 8 月出版了《方法對了，人人都可以是設計師》一書，透過課程的設計來培養學生達到創意思維及跨領域的合作。有鑑於學生在數位製造及創業實踐方面，較缺少動手實作的經驗，本校陳振遠校長集結了 9 位來自不同專業背景的學者專家，透過跨科系、跨專業的方式，共同編撰出以創夢工場的場域設備為主，教你如何動手實作的《創意實作》，書中有 9 個操作單元，包括風靡全球的創客運動、材質色彩資料庫、木工機具操作輕鬆學、基礎金屬工藝、3D 列印繪圖與操作、CNC 控制金屬減法加工、LEGO 運用於多旋翼、遊戲 APP 開發入門，以及在地文化資源的調查方法與應用。9 個單元皆透過由淺入深的介紹，讓讀者可以更輕鬆入門。單元從風靡全球的創客運動開始作介紹，接著進入手工具的手工製作，其中包含了木工機具的操作及金屬工藝的認識，以便了解手作精神的重要性。在學習手作單元之後，才可以進入自動化設備的學習。

了解手工設備的製作後，再開始進行機械自動化的 3D 列印加法加工及

CNC 減法加工的軟體及設備操作。透過前面所包含的手工工藝製作及 3D 加工製作，之後就可以開始強調如何透過控制化程式來驅動動力進行加工。前 7 組單元從造型、結構、機構、邏輯、組裝等動手實作練習之後，第 8 單元也透過現今 APP 市場爆炸性的發展，從中學習如何開發出易上手的 APP 遊戲。

　　課程透過風靡全球的創客運動、手工具的操作、自動化機械設備加工、程式控制帶動馬達、APP 遊戲過程操作，以及在地文化資源的調查方法與應用等 9 個單元，來達到玩中學、學中做的教育翻轉，俾能符應我國技職轉型高教創新的精神，亦能切合本校創業型大學願景培育學生具備創新的特質及熱忱、投入與分享的創業家精神。

　　本書希望能培養更多想成為自造者的年輕學子，透過《創意實作》中所介紹的 9 個由淺入深的實作課程操作練習，讓你我都可以成為這個產業趨勢中的全能自造者，並且訓練自己能擁有更多的技能專長！

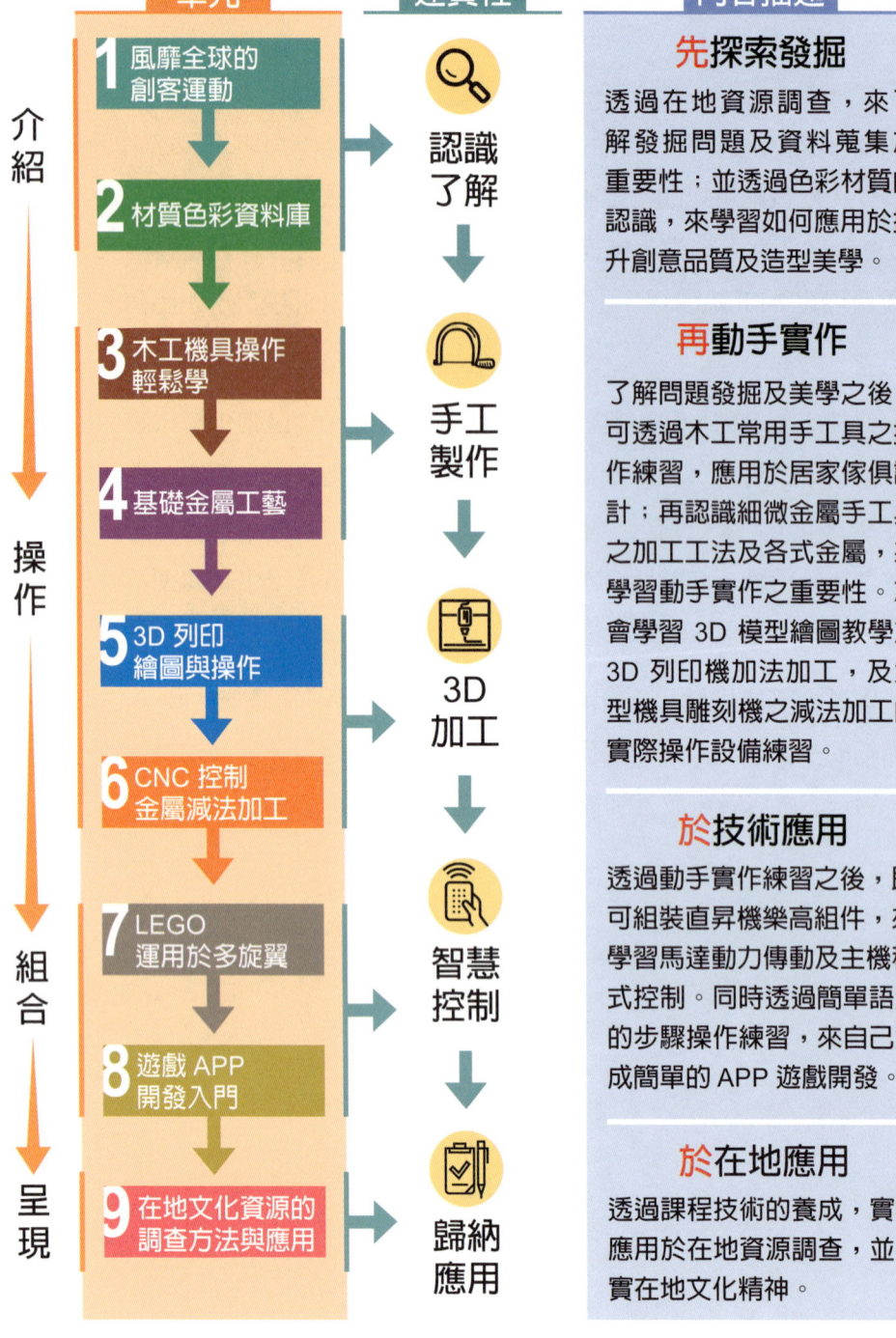

（圖，單元架構）

# 緒論

　　第二單元探討了創意設計產出時所重視的「型態」、「色彩」、「材質」三大要素，以及色彩的種類、材質的製成及加工方式。在了解到型態、色彩及材質之後，即可開始進行第三單元的第一個自己動手實作課程單元——木工機具的操作，而木材的運用也是手作最廣泛的工程材料之一，較常運用於家飾傢俱等木工創意製品。透過前一個單元對於材質型態的了解之後，本單元開始要學習一些容易上手的木工機具，除了藉由本單元說明各類木頭之差異外，同時也能更加了解作品成型時，該運用的手工具操作及安全步驟說明，才能將自己的創意動手實作，呈現出來，來體驗木工手作的樂趣及成就感，並進一步融入後續單元動手實作的氛圍中。

# 目錄

司長序
校長序
課程引言
單元架構
緒論

**3.1** 木材概論 —— 3-2
　　一、概述 —— 3-2
　　二、木材分類組織 —— 3-3
　　　　（一）木材之分類 —— 3-3
　　　　（二）木材性質 —— 3-4
　　三、製材及乾燥法 —— 3-10
　　　　（一）伐木及貯木 —— 3-10
　　　　（二）製材 —— 3-11
　　　　（三）乾燥法 —— 3-13
　　四、木材之腐蝕及保存法 —— 3-15
　　　　（一）木材之腐蝕 —— 3-15
　　　　（二）木材之保存法 —— 3-16
　　　　（三）木材品質 —— 3-19
　　五、木材加工 —— 3-22
　　　　（一）合板 —— 3-22

（二）膠合板 —— 3-24
　　　（三）人造板 —— 3-25
　六、台灣天然木材來源 —— 3-26
　　　（一）國產材 —— 3-26
　　　（二）輸入材 —— 3-29
　　　（三）竹材 —— 3-30

**3.2** 木工機具操作 —— 3-32
　前言 —— 3-32
　手工具篇 —— 3-34
　電動工具篇 —— 3-50
　成品製作篇 —— 3-78

# 3.1 木材概論

## 一、概述

　　自古以來，木材是人類運用最廣的工程材料之一，曾廣泛用在房屋、宮殿、橋樑、城牆等工程，也是傢俱、裝飾、工藝之主要材料。而現今木材在工程上的地位已被混凝土、鋼鐵及塑膠等所取代，由構造物主體結構材料轉變為非結構材料，而廣用於傢俱及裝飾工程。但其消耗量仍極龐大，此乃因木材具有其他材料所不及之優點。

茲將木材之優點簡述如下：

1. 比重小，質輕而強度大。
2. 韌性佳，能吸收衝擊及震動。
3. 高度自然美，質感佳。
4. 加工容易。
5. 傳熱率小，傳音性小，且為電的絕緣體。
6. 對於稀鹽類、稀酸類，具有抵抗性。
7. 價格便宜，產量豐富。

木材亦有如下之缺點：

1. 質地不均，有天生瑕疵，強度不一。
2. 容易燃燒。
3. 易遭菌類寄生、蟲蛀及腐朽。
4. 硬度不大，易遭刻畫、磨損。
5. 含水量變化時，易變形、乾裂。

## 二、木材分類組織

### (一) 木材之分類

木材取之於樹木之樹幹；樹木之樹幹依其生長方式之不同，可分為外長樹及內長樹兩種，茲分述如下：

**1. 外長樹**：又稱橫長樹，係於樹徑方向逐年生長，即於樹皮與舊木之間，有一層活的細胞組織，稱為形成層，每年可生出新木一層，將全部舊木包裹在內。外長樹又因其葉子形狀之不同，而分為針葉樹與闊葉樹兩種：

**(1) 針葉樹**：針葉樹葉狀多呈針狀，大多為常綠樹，如松、柏、檜、杉、台灣肖楠、銀杏等。針葉樹之材質輕而軟，故又稱為軟木樹，但因針葉樹之樹幹長直，木理材質較為均勻，加工容易，亦較易取大材，雖然強度不及闊葉樹，但在構造及裝修上仍然佔大部分的用料。

**(2) 闊葉樹**：闊葉樹之樹葉，多呈片狀，冬季多落葉，如楠、樟、櫸、柏、楓、樺、柳安等。闊葉樹之木質重而堅硬，強度大於針葉樹，故又稱硬木樹；但因取大材不易，較少作為土木建築工程用材，而多供傢俱製造及室內裝飾用。闊葉樹較容易發生彎翹變形現象。

**2. 內長樹**：亦稱為縱長樹，係指縱向、徑向同時生長，但以縱向生長特別發達，新生纖維與舊木纖維相互摻雜，不易區分，例如竹、棕櫚、檳榔、椰子等。通常所謂木材，係指外長樹而言。

CNS442 對台灣地區木材之分類，除以樹種分為針葉樹及闊葉樹之外，亦有以製材及硬度分類。

**1. 依製材之種類區分**

(1) **板材類**：最小斷面之寬為厚之三倍以上者。

(2) **割材類**：最小橫斷面方形之一邊小於 6 cm，寬小於厚之 3 倍者。

(3) **角材類**：最小橫斷面方形一邊大於 6 cm 寬小於厚之 3 倍者。

**2. 依硬度分類（CNS460 木材硬度試驗法）**

**(1) 軟材**：硬度小於 3。

**(2) 適硬材**：硬度 3～4。

**(3) 硬材**：硬度 4～5。

**(4) 最硬材**：硬度大於 5。

## (二) 木材性質

木材之性質包括下列各項：

**1. 比重**

木材之比重係指木材重與同體積 4°C 水之重量比。由於在木材利用上，以氣乾比重最為重要，故木材之比重係指氣乾狀態下之假比重而言。一般而言，春材之比重較秋材為小；針葉樹之比重較闊葉樹為小；剛採伐之木材，稱為生材，其含水量較大，故比重較乾燥木材為大；表 3-1 所示為一般常用木材之氣乾比重值。

表3-1　常用木材之氣乾比重值

| 樹種 | 比重 |
| --- | --- |
| 杉木、紅杉、川桐、榲杉 | 0.3～0.4 |
| 鐵杉、松木、檜木、楠木 | 0.4～0.5 |
| 柏木、樟木、栗木、柚木、白柳安 | 0.5～0.6 |
| 榆木、梧桐、紅柳安 | 0.6～0.7 |
| 櫸木、楓木、桑木 | 0.7～0.8 |
| 櫟木、桃木、槐木 | 0.8～0.9 |
| 檀木 | 1.0 以上 |

木材之比重，依其含水狀態可分為下列四種：

**(1) 生木比重：**生木或伐木後立即測定之比重。

**(2) 氣乾比重：**為木材中濕度與大氣中濕度平衡時所測定之比重。

**(3) 絕對乾燥比重：**木材中完全不含水分時所測定之比重。

**(4) 飽和比重：**含水量達飽和時所測定之比重。

## 2. 含水量

木材內所含之水分，主要為游離水及吸收水。游離水為細胞腔內與細胞空隙間所含之水分，其含量約佔木材全乾重量之 60%；吸收水為細胞壁中所含之水，約佔木材全乾重量之 25～35%。新砍伐之生木含水量較高，比重甚至大於 1，以致無法在水中浮起。一般針葉樹含水量較闊葉樹多；邊材之含水量較心材為多；因樹之上部邊材較多，故含水量以上部為多。

木材乾燥時，通常游離水先蒸發，而吸收水仍存於木材內。當游離水全部蒸發而吸收水尚呈飽和狀態，此時木材之含水情況，稱為纖維飽和點狀態（Fiber Saturated Point），簡稱 FSP。其含水量約為木材全乾重量之 25～35% 之間，一般都為 30%。木材水分含量若在纖維飽和點以上，稱為生材，若任其自然乾燥，而與大氣中之濕氣平衡，稱為氣乾材，其含水量約為 12～16% 之間。若再加以人工乾燥，使木材中水分完全蒸發，則稱為全乾材或絕乾材。為了防止木料在組立後發生大量翹曲變形，木料在加工前，含水量應控制在 15% 以下。而作為主構材之木材，其含水量應要求在 15% 以下。

依據 CNS452 試驗法，木材之含水率可由下式計算而得。

$$木材含水率 = \frac{木材原重 - 木材全乾重}{木材全乾重} \times 100\%$$

### 3. 膨脹收縮

木材的膨脹與收縮，係以纖維飽和點為界，木材之含水量在纖維飽和點以上，則不發生收縮；當木材逐漸乾燥，其含水量達纖維飽和點以下時，即發生收縮。反之，木材吸收水分而膨脹，亦僅限於纖維飽和點以下，若含水量超過纖維飽和點，則不再膨脹。

木材收縮可分為縱向收縮與橫向收縮，以橫向收縮較大；縱向收縮甚小，其收縮率約在 0.1～0.33% 之間。橫向收縮又分為弦向收縮與徑向收縮；以弦向收縮較大，其收縮率約在 5～10% 之間，徑向收縮之收縮率則在 2～8% 之間。木材之弦向、徑向、縱向示意如圖3-1所示。

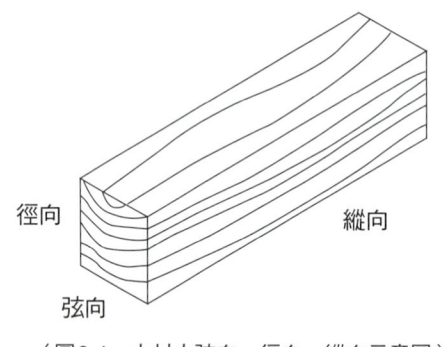

（圖3-1，木材之弦向、徑向、縱向示意圖）

木材各方向收縮之關係可用下式表示：

> 弦向收縮 > 徑向收縮 > 縱向收縮

木材之收縮與樹種、鋸木方向、木材部位及乾燥方法等均有關係。圖3-2所示為木材不平均收縮所產生之變形；若年輪平行於正方形角材之兩邊，收縮後橫斷面將變為長方形；與年輪成對角線之正方形角材，收縮後橫斷面將變成菱形：圓形木桿，收縮後變成橢圓形；若木材之一面乾燥較迅速，收縮較大，將彎曲而反翹。通常邊材之收縮率較心材為大；比重較大之木材，其收縮率也較大；具有交錯木理的木材較通直木理者，其縱向收縮較大。

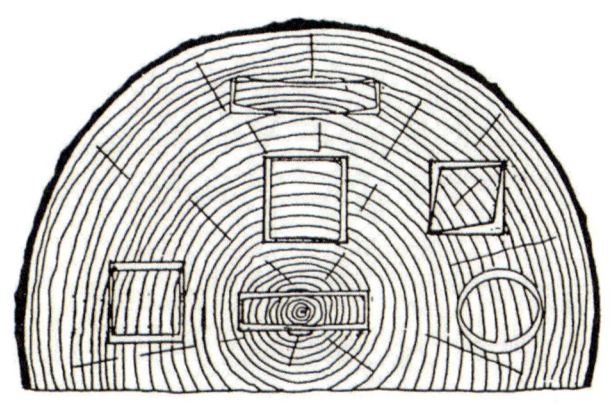

（圖3-2，木材不平均收縮產生的變形）

### 4. 光澤

對任何樹種而言，通常邊紋鋸面之光澤較平紋鋸面為佳。而材質緻密，堅硬及髓線多者，其光澤較佳。又心材之光澤較邊材為佳，闊葉樹之光澤較針葉樹為佳。

### 5. 色彩

新生樹木大部分無色，成長後心材之顏色較邊材為深。通常樹木採伐時顏色較新鮮，隨時間而漸漸褪色；一般木材置於空氣中或浸沒在水中經過長時間後其色澤將會變暗。

### 6. 氣味

新鮮之木材皆有獨特之香味，此乃因木質中夾雜之樹脂、丹寧酸及樟腦等揮發性化合物所致。香味因樹種而異，可用以判別樹種。樟樹之香味特別強烈，蟲菌懼之，是作為櫥櫃的優良材料，也可提煉為樟腦丸或防蟲液。而目前台灣作為門窗、傢俱、構造用最優良的木材，首推檜木，因其具有特殊香味，故不易腐朽；而且材質輕軟緻密，高彈性，易於加工，收縮變形小，實為不可多得之珍貴材料。一般俗稱之檜木包括二類樹種，即紅檜和扁柏，此二種珍貴林木養成不易，常須一、二百年才可成材，通常所見神木，樹齡常達數千年。

## 7. 力學性質

木材之含水量對木材強度影響甚大，但僅限於纖維飽和點以下，含水量愈少，強度愈大；但當含水量高於纖維飽和點時，則木材之強度幾乎保持定值，不受含水量之增減而影響強度。而木材含水量在纖維飽和點時之強度僅及全乾時之 30% 左右。

加力方向平行於木材纖維之抗拉、抗壓、抗彎強度皆較垂直於纖維者大，但抗剪強度則垂直纖維方向者較平行纖維方向者為大。木材的各種強度中，以平行木理拉應力（縱拉強度）為最大。

木材的主要力學性質如下：

**(1) 抗拉強度：** 當拉力與纖維平行時，稱為平行木理拉應力，又稱縱拉強度；而當拉力與纖維方向垂直時，稱為垂直木理拉應力，又稱橫拉強度；橫拉強度恆小於縱拉強度，此乃因木材受縱向拉力作用時，其纖維並不會被拉斷，只會破壞到纖維間之結合，而此種纖維間之結合力較纖維本身之強度為弱，因此當拉力與纖維方向垂直時，則很容易就將纖維間之結合破壞，稱為橫拉強度。因此橫拉強度小於縱拉強度。

**(2) 抗壓強度：** 木材在構造上承受壓力的機會很大，故抗壓強度極為重要。當壓力與纖維方向平行時，纖維就像若干空心支柱束綁在一起，較不易破壞，稱為縱壓強度，也稱為平行木理壓應力。橫壓強度也稱為垂直木理壓應力，則是壓力與纖維呈垂直，通常橫向施壓時纖維比較容易被壓扁。因此木材之平行木理壓應力大於垂直木理壓應力。

**(3) 抗剪強度：** 加力方向平行於木材纖維者較垂直於纖維者，在抗拉強度、抗壓強度、及抗彎強度方面，均大甚多；但對抗剪強度而言，則垂直於纖維方向者較平行於纖維方向者大 3～4 倍。

**(4) 抗彎強度：** 材料受彎曲時，經常伴隨著拉應力、壓應力及剪應力的發生；但由於木材屬於不均勻質體，當受外力作用時內部所產生的應力較為複

雜，因此抗彎強度變異較大。表3-2、表3-3皆為一般常用針葉樹及闊葉樹之強度。

表3-2　常用針葉樹之強度

| 樹種 | 抗壓強度（kgf/cm²）（平行木理） | 抗剪強度（kgf/cm²）（平行木理） | 抗彎強度（kgf/cm²） |
| --- | --- | --- | --- |
| 杉木 | 307～342 | 47～63 | 494～643 |
| 松木 | 321～491 | 63～87 | 500～687 |
| 檜木 | 420 | 70 | 720 |
| 柏木 | 401～588 | 110～133 | 724～1161 |
| 美松 | 436 | 69.1 | 748 |
| 美杉 | 364 | － | 639 |

表3-3　常用闊葉樹之強度

| 樹種 | 抗壓強度（kgf/cm²）（平行木理） | 抗剪強度（kgf/cm²）（平行木理） | 抗彎強度（kgf/cm²） |
| --- | --- | --- | --- |
| 柳木 | 295～367 | 72～87 | 563～724 |
| 柳安木 | 398～415 | 57～65 | 716～730 |
| 楊木 | 293～326 | 67～84 | 562～663 |
| 梧桐 | 385～407 | 101～109.9 | 816～899 |
| 栗木 | 408～569 | 92.9～112 | 726～1108 |
| 櫟木 | 438～526 | 111～156 | 743～1024 |
| 桑木 | 405～550 | 111.9～155 | 1023～1080 |
| 槐木 | 339～447 | 94.7～135 | 916～968 |
| 榆木 | 302～545 | 96～176.5 | 762～1272 |
| 檀木 | 416～418 | 158～159.3 | 911～966 |

**(5) 劈裂強度：** 木材之劈裂係指木材沿纖維方向受楔打入後分裂之現象，劈裂時所生之應力稱為劈裂強度。利用此性質之場合有釘釘子，旋進螺絲釘及斧頭劈開木材等。一般而言，闊葉樹材較針葉樹材之劈裂強度大；纖維扭曲及多節之木材，劈裂強度較大；含水量大之木材，其劈裂強度亦較乾燥木材為大；因此木匠在釘鐵釘時，常以清水將施工部位濕潤，乃是為了增大劈裂強度，防止鐵釘釘入時木材破裂。

## 三、製材及乾燥法

### (一) 伐木及貯木

#### 1. 伐木

　　樹木之採伐，應注意季節。春季為樹木之生長季節，樹木內部充滿樹液，樹液中含有大量有機物，所以春季採伐之木材，容易受菌類侵害而腐朽，而且乾燥收縮不均，易生扭曲割裂之現象。而冬季為樹木生長休止期，樹木之肌理密緻，受蟲菌之害較少，亦較乾燥，收縮彎曲龜裂情形較少。因此，伐木應在冬季實施較佳，若冬季下雪量大無法伐木，則選擇晚秋或早春完成伐木工作為宜。

　　此外，如果要利用樹木之樹皮時，砍伐時期宜在生長旺盛之春季。如果要使樹皮不易剝落而黏附在樹幹上，則在晚秋或嚴冬砍伐為宜。

　　採伐木材，也應考慮其樹齡。幼小之樹木，密度較小，強度較低；過老之樹，材質脆弱；故應於樹木之壯年時期，完成伐木工作。各種樹木最適宜之伐木樹齡，如表3-4所示。

#### 2. 貯木

　　由林中搬運出來的原木，貯存於林道之起終點、木材市場、鋸木工廠、鐵路車站及河港等，稱之為貯木。貯木地點稱為貯木場。貯木方式有水中貯木及

表3-4　各種樹木最適宜之伐木樹齡

| 針葉樹 | 樹齡（年） | 闊葉樹 | 樹齡（年） |
|---|---|---|---|
| 松（Pine） | 80～150 | 欅（Zelkor） | 80～150 |
| 杉（Cedar） | 70～120 | 橡樹（Oak） | 60～220 |
| 柏（Cypress） | 60～100 | 樅樹（Fir） | 100～200 |
| 檜（Spruce） | 100～100 | 栗樹（Chestnut） | 40～80 |
| 落葉松（Larch） | 100～200 | 鐵杉（Hemlock-Spruce） | 100～200 |

陸上貯木兩種。

　　水中貯木為將原木貯放在貯木場之水池中，一方面可作為貯木之用，一方面可使木材內之養分因水之滲透而稀釋，防止木材腐朽。陸上貯木必須具備大的空間來堆積原木，而且還要注意原木堆積時之安全性。

## (二) 製材

　　由貯木場搬運至製材工廠之原木，先鋸成所要之長度，然後再鋸成所定尺寸之板材或角材，此過程稱為製材。原木經過製材，扣掉廢木後，可得之材積，一般針葉樹約為 60～75%，闊葉樹則僅約為 40～65%。製材需要在完全乾燥下為之，絕不可在生木或乾燥不完全情況下製材，以免收縮後發生變形。木材之鋸法，大致有兩種，如圖3-3所示，茲分述如下：

（a）平鋸法

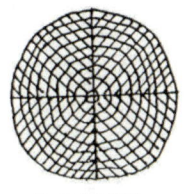
（b）輻鋸法

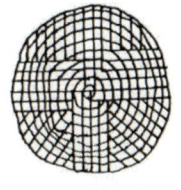
（c）輻鋸法

（圖3-3，木材的鋸法）

3-11

(1) **平鋸法**：亦稱弦鋸法，鋸切面與年輪相切（平行）。平鋸法簡單方便，所需時間少，由於鋸縫皆為平行，故廢材少，但乾燥時易發生裂縫及反翹，如圖3-4（a）。

(2) **輻鋸法**：又稱徑鋸法、象限法或十字法。鋸切面與年輪成垂直，如圖3-4（b）、（c）。輻鋸法之操作較繁複，木材損耗較多，但製材面呈現平行直線之紋理，稱邊紋材；美觀而且色澤、品質均佳，膨脹收縮較小，不易反翹乾裂，磨耗平均，因此普通地板、甲板之木料，多採用輻鋸法。鋸切面與年輪成平行者稱為平紋材，與年輪垂直者稱為邊紋材；邊紋材之外觀比平紋材佳，且較不易反翹、收縮。採用平鋸法只能取得1/3不易彎翹之邊紋材，其餘則為平紋材（如圖3-4），因此，為了取得全部的邊紋材，應採用輻鋸法製材。

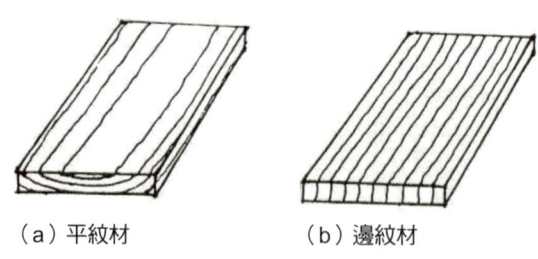

（a）平紋材　　　（b）邊紋材

（圖3-4，平紋材與邊紋材）

柱材（角材）之鋸切法大致有三種，茲分述如下：

## 1. 非整截

原木四面之弓形除去之後，使成方形，心材部分仍包於柱材內，材內紋理不平行，乾燥後易開裂，如圖3-5（a）之一方柱材法。

## 2. 半整截

將原木之兩側除去，再鋸切為兩根正方形之柱材，此法較非整截為優，如圖3-5（b）之二方柱材法。

**3. 整截**

原木四周之弓形材除去之後，使成正方形，同鋸切為四根柱材，材面紋理平行，此種鋸切法最理想，如圖3-5（c）之四方柱材法。

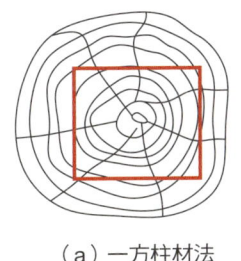 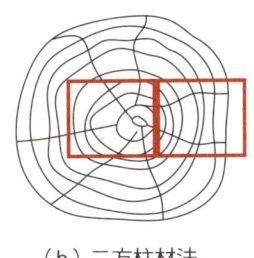 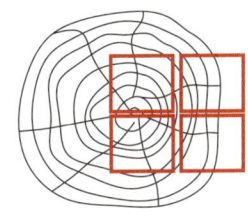

（a）一方柱材法　　　（b）二方柱材法　　　（c）四方柱材法

（圖3-5，柱材鋸切法）

## （三）乾燥法

新採伐之樹木，含水量高達 30 ～ 100%，不宜使用。故應將木材乾燥至適當之含水量，此稱為乾燥法。木材的乾燥處理，有下列功用：

1. 防止木材因收縮而乾裂、變形，這也是將木材乾燥的最主要目的。
2. 增加木材的強度及彈性。
3. 防止蟲害及腐朽，增加耐久性。
4. 減輕木材重量，節省運輸費用。
5. 作為防腐處理前之準備。

木材的乾燥法分為天然乾燥法及人工乾燥法兩種，茲分述如下：

**1. 天然乾燥法**

**(1) 空氣乾燥法**：空氣乾燥法是最自然的方法，係將木材堆置在排水良好、空氣流通之場所，使其自然乾燥。木材應縱橫間隔排置，不得受到直接日照，底層木材應離地 30 cm 以上，以免受潮，如圖3-6 所示。以空氣乾燥法乾燥之木材，材質優良，但所需時間較長，短則數十天，長達數百天。

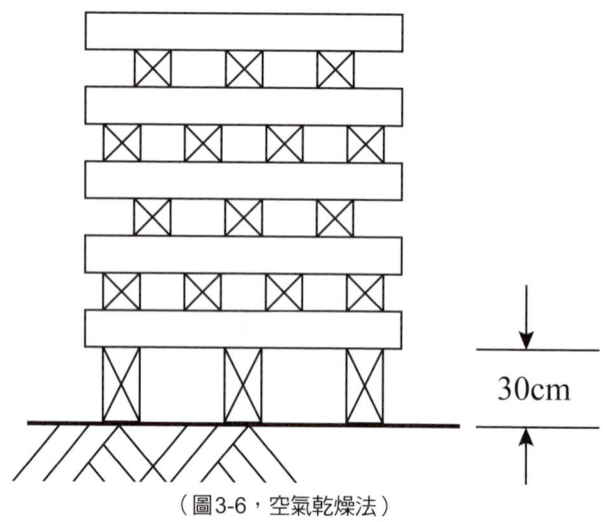

（圖3-6，空氣乾燥法）

**(2) 水中乾燥法**：將木材浸入水中，使樹液溶於水中，則木材中樹液之濃度變得稀薄，然後取出乾燥於空氣中，如此可縮短空氣乾燥法之時間。水中乾燥法不得單獨使用，必須與其他乾燥法配合使用。此法可能使材質變得稍為脆弱，強度減低，但會減少變形及裂痕之發生。

## 2. 人工乾燥法

**(1) 熱氣乾燥法**：將木材放在密閉之乾燥室內，用送風機送入熱氣，促進木材乾燥之方法。若溫度升高過於迅速激烈，則木材易發生扭曲、變形及乾裂現象。

**(2) 蒸氣乾燥法**：此法為以蒸氣抽出樹液之方法；將木材堆積於圓筒形蒸氣室內而密閉之，由下方以 1.5 ～ 3 kgf/cm$^2$ 之壓力，將蒸氣送入，可將木材內之樹液抽出。因為蒸氣中含有濕氣，可以改善熱氣法急激乾燥之缺點；處理之時間短，對於厚度 2.5 cm 之木板，大約需要一小時，然後移出置於空氣中乾燥之。此法因操作與設備簡單，並可殺菌，使用非常普遍。

**(3) 煮沸法**：將木材置於大鍋內，以熱水煮沸而浸出樹液，可節省浸水法之時間，煮沸完成後取出再配合其他乾燥法。

**(4) 煙燻乾燥法**：為自古流行之方法，係將生木或鋸屑等燒成火煙，以代替熱氣，然後將黑煙導入乾燥室內；因煙中含有濕氣，乾燥速度緩慢，可減少扭曲與開裂之現象，但木材表面色澤易受煙標損害。

## 四、木材之腐蝕及保存法

### (一) 木材之腐蝕

木材失去耐久性之最主要原因為腐蝕。一般活樹之腐蝕，係由老樹之心材開始，而製材後之木材，反由邊材開始腐蝕；腐蝕之原因如下：

**1. 時乾時濕**

木材受乾濕反覆作用，將使其腐蝕加速，此種腐蝕稱為濕腐。木材受乾濕交互作用，而發生膨脹與收縮，使邊材之細胞物質破壞，且木材內之碳及氫等化學成分與空氣中之氧化合，產生碳酸氣與水分，是造成木質部分解之原因。但打入地下水位以下之木樁，因經常維持在潮濕狀態與空氣隔離，反而不易腐蝕。

**2. 乾腐**

乾腐與濕腐不同，係乾燥材吸收濕氣，產生菌類而分泌酵素，由發酵作用而使木材腐朽。

**3. 細菌之作用**

木材腐朽之主因為菌類之侵蝕。因為菌絲的分泌物把木質部溶解，以吸收養分，而使木材漸漸腐朽。

一般菌類之繁殖有四個條件：① 適當溫度，② 充足的養分，③ 充分的濕度，④ 少量的空氣。由以上觀之，打入水中之木樁不會腐朽，係因木材成飽和

狀態時無空氣存在之故。樹木生存時，心材容易腐朽，係因心材水分少，含有空氣之故；如邊材內含有飽和水分，則不致腐朽。但在木材製品中，邊材含有較多水分及養分，但不飽和，因此較易腐朽；心材較乾燥，反而不易腐朽。而以人工乾燥之木材，施用高溫也可以消滅菌類。將木材乾燥，使濕度在 20% 以下，也可防腐。

**4. 蟲蛀**

菌類之腐蝕木材，緩慢而不易見；蟲害則快速而肉眼可見，但發現時，往往木材內部已中空。木材受蟲類損害，在海上主要為蛀船蟲，在陸上則為白蟻、甲蟲，而以白蟻之危害最為普遍而嚴重。白蟻怕光，見光即回頭，所以出入之通路是隧道，食木速度甚快，當其噬食至木材邊緣時即轉向或回頭，使木材表面看似完整，但已成中空。白蟻遍及熱溫帶，性喜濕惡燥，環境愈濕，繁殖愈快；因此廚房浴廁之木門框，因吸收濕氣，最容易遭白蟻噬食。

## (二) 木材之保存法

保存木材最簡單的方法，為使木材乾燥；但其中最有效的方法則為藥劑注入法。木材保存法中有防腐法、防蟲法及防火法，茲分別說明如下：

**1. 防腐法**

木材之防腐法有阻斷空氣法、隔絕水分法、高溫殺菌法、表面碳化法、藥劑塗布法、藥劑浸泡法、藥劑注入法等。一般常用之防腐劑有焦蒸油、煤焦油、氯化鋅、氟化鈉、硫酸銅等；茲將木材之防腐法，分述如下：

**(1) 阻斷空氣法**

木樁打入地下水位以下可得到半永久性的壽命，此乃因木樁經常維持在潮濕狀態而與空氣隔離，因而不會腐朽。故阻斷空氣法可以預防木材腐朽。

### (2) 隔絕水分法

利用人工乾燥木材，並塗刷油漆或防腐劑，使木材表面形成一層隔膜，減少水分滲入，可達到防腐之效果。

### (3) 高溫殺菌法

木材在人工乾燥過程中，使溫度超過 40°C 以上，以達到殺菌防腐之效果。

### (4) 表面碳化法

將木材表面燒焦碳化，使木材表面的菌類缺乏養分不能寄生。碳化的厚度約 3～12 mm，最適於電桿、木樁等埋入地下部分之防腐處理。

### (5) 藥劑塗布法

將防腐劑塗布於木材表面，以防止濕氣、菌類及蟲類等，由外部侵入。使用之藥劑有油漆、假漆、焦蒸油及柏油等，其中以焦蒸油最為普遍。

### (6) 藥劑浸泡法

將木材浸於水溶性防腐劑溶液中，浸泡時間較長，可由二、三日至二星期，使木材得以充分防腐。

### (7) 藥劑注入法

藥劑注入法係藉壓力將防腐劑注入木材中，是最有效之防腐法。其優點為防腐劑能均勻滲入木材內部，防腐效果大，且未經乾燥之木材，亦可用此法處理之。

## 2. 防蟲法

前述木材之防腐法，亦可用於防蟲。蟲害中最嚴重者為白蟻，發現有白蟻出現應用氰酸氣體驅除。將防蟲劑如煤焦油、焦蒸油、昇汞、氯化鋅、氟化鈉等，注入木材中，可預防白蟻之侵蝕，但此類防蟲劑之藥效經久即滅。木材中含有樹脂、鹼性化合物、丹寧酸、苦味質等者，有天然抵抗白蟻之功能；具有刺激性、揮發性香味之木材對白蟻之抵抗較強，如樟木、檜木、楠木、欅木等。而材質較軟而又無氣味之木材，較易遭白蟻噬食，如杉木、松木等。一般

闊葉樹對白蟻之抵抗力較針葉樹為大。

防治白蟻傳統上多用化學藥劑灌注法，但此方法對生態環境有不利之影響。華裔科學家蘇南耀在西元 1991 年研發出一種更有效、更環保的生物防治方法，即在白蟻出沒處放置 5% 濃度之昆蟲生長抑制劑「六伏隆」（Hexaflumuron）供白蟻取食，利用白蟻食用六伏隆後會回巢餵食同伴的習性，將藥劑使用量降到最低，可將整巢白蟻除去。白蟻一生要蛻皮 6～10 次，但吃了六伏隆後就無法再蛻皮，長大的身體擠在小小的皮膜內，因而出現捲縮狀，終在數週後死亡。工蟻取食六伏隆後並帶回餵食兵蟻及蟻后，使整巢白蟻都因無法蛻皮而「死光光」。依傳統方法，一戶 30 坪房屋平均要灌注 10 kg 之化學藥劑，但若改用蘇南耀的生物防治方法，只要 1 g 六伏隆即可，藥劑用量僅為傳統方法的萬分之一。

### 3. 防火法

木材是一種碳水化合物，構成木材之主要元素如碳、氫、氧等皆易燃燒；當溫度達 270°C 時，木質業及纖維素開始燃燒，因此在火災時，木材最危險溫度為 270°C。木材之防火法有表面處理法及防火劑注入法，茲分述如下：

**(1) 表面處理法**

將不燃性材料覆蓋於木材之表面，以防止火焰直接與木材接觸。常使用之不燃性材料有金屬、水泥砂漿、灰泥及耐火油漆等。耐火油漆係以水玻璃（矽酸鈉）及膠之耐火物質為溶劑，其塗料為含有特殊防火劑之硼砂、矽酸鈉、鎢酸鈉及磷酸銨等。此等防火劑加熱時，被熔解而覆蓋在木材表面，可防止氧氣接近，而使木材成為不燃性。

**(2) 防火劑注入法**

將不燃性材料，如硼砂、氯化銨、碳酸銨、鎢酸鈉等注入木材，使成為不燃性。

## (三) 木材品質

木材之品質可由外觀研判之，其判斷之原則如下：

1. 優良之木材必須質地均勻，纖維平直，無死節、裂紋等缺點。
2. 良好的木材，以重物擊之，聲音清脆；而腐朽之木材，則發聲沈濁。
3. 年輪緊密之木材，較年輪寬鬆者有較大之強度。
4. 木材孔隙內所含之樹液、樹脂量較少者，其強度及耐久性較大。
5. 新採伐之健全樹木，具有濃厚的氣味；經鋸解後，可顯出堅實而明亮的表面，帶有絲狀色澤。

木材之品質，一般依木材之缺點多少而判定之。CNS444對於木材之品等區分，規定如下：

### 1. 天然生針葉樹製材

板材類、割材類、角材類均將木材品質分為特等、一等、二等、三等、四等、五等，合計六個品等。

### 2. 天然生闊葉樹製材

板材類、割材類、角材類均將木材品質分為一等、二等、三等，合計三個品等。

### 3. 造林木針葉樹製材

板材類、割材類、角材類均將木材品質分為一等、二等、三等，合計三個品等。

因各種樹木品等區分表格甚多，現僅舉一例以供參考，表3-5為天然生針葉樹角材類之品等區分標準。

在市場上，材亦依其缺點多少而分為上材與中材兩種；無活節、彎曲、裂紋、腐朽等缺點者為上材；有輕微缺點者為中材。

表3-5　天然生針葉樹角材類品等區分

| 缺點＼品等 | 節 | 材面腐朽、蟲蛀、傷缺、污痕、穴及其他瑕疵(未貫通他材面者) | 弧邊 | 鋸口縱裂或鋸口環裂 | 捲皮、捲入或脂囊(未貫通材面) | 藕朽 材面 | 藕朽 鋸口一端 | 藕朽 鋸口兩端 | 其他 |
|---|---|---|---|---|---|---|---|---|---|
| 特等 | 無 | 無 | 無 | 無 | 無 | 無 | 無 | 無 | 無 |
| 一等 | 節徑比在20%以下（長徑在3cm以下） | 無 | 5%以下 | 5%以下 | 節徑比在20%以下（長徑在3cm以下） | 2cm²以下 | 無 | 無 | 無 |
| 二等 | 節徑比在30%以下（長徑在6cm以下） | 節徑比在20%以下（長徑在3cm以下） | 10%以下 | 10%以下 | 節徑比在30%以下（長徑在6cm以下） | 4cm²以下 | 無 | 無 | 輕微 |
| 三等 | 節徑比在50%以下（長徑在9cm以下） | 節徑比在30%以下（長徑在6cm以下） | 20%以下 | 20%以下 | 節徑比在50%以下（長徑在9cm以下） | 8cm²以下 | 藕朽面積之和對鋸口面積之比率在2%以下 | 兩端比率之和在3%以下 | 較顯著 |
| 四等 | 節徑比在70%以下（長徑在12cm以下） | 節徑比在50%以下（長徑在9cm以下） | 40%以下 | 40%以下 | 節徑比在70%以下（長徑在12cm以下） | 16cm²以下 | 藕朽面積之和對鋸口面積之比率在10%以下 | 兩端比率之和在15%以下 | 較顯著 |
| 五等 | 超過上列限度 | 超過上列限度 | 超過上列限度 | 超過上列限度 | 超過上列限度 | 超過上列限度 | 超過上列限度 | 超過上列限度 | 較顯著 |

備註：角材兩端各在 1/20 材長以內之所有缺點，除腐朽外均可不計。

木材又因樹種之不同及利用價值，在市場上分成不同的等級，等級愈少，價格愈高。通常針葉樹分二級，闊葉樹分三級。例如，扁柏、紅檜、紅豆杉等都屬於一級針葉木。而櫸木、烏心石等則屬於一級闊葉木。如表3-6所示。

表3-6　木材分級

| 樹類＼等級 | 一級 | 二級 | 三級 |
|---|---|---|---|
| 針葉樹 | 1. 扁柏<br>2. 紅檜<br>3. 肖楠<br>4. 香杉<br>5. 紅豆杉 | 1. 亞杉<br>2. 雲杉<br>3. 冷杉<br>4. 鐵杉<br>5. 松 | |
| 闊葉樹 | 1. 烏心石<br>2. 櫸木<br>3. 花紋樟<br>4. 黃連木 | 1. 柯仔<br>2. 稠仔<br>3. 重陽木<br>4. 泡洞<br>5. 牛樟<br>6. 楠木 | 不屬一、二級木者均為三級木。 |

### 4. 木材材積計算

木材之材積計算方法，可區分為立方體木材材積計算及圓木材積計算兩種。依中國國家標準 CNS4794 之規定，立方體木材材積，係以立方公尺（$m^3$）為單位，而英制是以「板呎」（Board measure foot，簡稱 BMF）為計算材積之單位。所謂1BMF，係邊長為1呎之正方形斷面，厚度為1吋之立方體體積；以公式表示如下：

$$1BMF = 1呎 \times 1呎 \times 1吋 = 12吋 \times 12吋 \times 1吋$$

在台灣地區，則仍沿用日制，而以「才」為計算單位。所謂1才，係邊寬

為 1 台寸，長度為 10 台尺之角材體積；或邊長為 1 台尺之正方形，厚度為 1 台寸之板材體積。以公式表示如下：

角材：1才 = 10 尺 × 1 寸 × 1 寸 = 100 寸³ = 0.1 尺³
板材：1才 = 1 尺 × 1 尺 × 1 寸 = 100 寸³ = 0.1 尺³

（上列二式中之「尺」代表「台尺」，「寸」代表「台寸」以下同）

在木材市場中，亦有以「石」為單位，1 石等於 100 才。而 1 才 = 0.00278 m³，1 m³ = 359.71 才 ≒ 360 才。板材厚度若小於 1 寸，在計算材積時，應加計 1 分（3 mm）以補償鋸裁木料時之厚度損失。而木材尺寸若註明係鉋光後淨尺寸（即加工鉋光後之成品尺寸），則每一鉋光面應加計 0.5 分（1.5 mm）之鉋光厚度損失。

## 五、木材加工

木材的加工品包括合板、膠合板、人造板等。

### (一) 合板

合板亦稱夾板，係將木材削成薄片（亦稱單板），將奇數層之薄片單板經烘乾後塗上黏著劑，使各層單板之木材纖維方向互成直角，經黏合加壓而成，如圖3-7 所示。

（圖3-7，合板）

製造合板之薄片單板，所採用木材之種類甚多，視合板之用途而定，台灣地區以柳安木使用最多。單板之製造首先將原木分段製成角材，浸於 60°C～80°C 之煮沸槽內，使材質軟化後，再經鉋削而成。

合板可用於製造傢俱、建築材料、模板、飛機、車船及包裝等，應用甚廣，其主要優點如下：

1. 可任意製造所需要之大型板材，不受天然限制。
2. 中間所夾之薄片，可用較次等之木材。
3. 木理可作任何切向。
4. 強度較同厚度之木材大。
5. 因水分所引起之變形較小。
6. 木材之利用率高達 90% 以上。
7. 加工方便。
8. 保釘力較一般木板為強。

合板依其用途可分為普通合板及特殊合板兩類，普通合板又分為：

1. 建築、傢俱及裝飾用合板。
2. 高級用合板：供製造精細傢俱、西式建築、樂器等用途。
3. 包裝用合板：供包裝煙、茶葉、化妝品及雜貨等之用。

特殊合板又分為：

1. 車船器具用合板。
2. 飛機用合板。

合板除上述者外，尚有將合板經二次加工者，此類合板，多作為室內裝飾及傢俱製造之用。例如：

### 1. 化妝合板

亦稱薄片被覆合板，係利用木材固有之美麗紋理，而將高貴木材鉋削成薄片，以樹脂將薄片黏貼於合板之表面，可黏貼單面或雙面。所用之高貴木材有柚木、檜木、花樟、栓木、紫檀等。此外，尚有一種美耐板，又稱耐火板，係在薄片表面敷以三聚氰胺及著色劑，可製成各種顏色及花紋，外觀亮麗潔淨，硬度甚大，又耐熱防水，適合黏貼在書桌、餐桌、櫃台及櫥子等之表面，是台灣地區木工裝潢界常用之裝修材料。

### 2. 塑膠被覆合板

係以浸透樹脂之化紅紙或布，藉高溫與壓力黏貼於合板表面而製成者。

### 3. 美化合板

合板表面敷以一層 0.2～0.5 mm 厚之聚酯薄膜。市面上有麗光板、奇美板、奇麗板等。此種合板表面不耐高溫，稍受熱力即留下痕跡。

### 4. 耐火合板

係將合板經過防火處理而成者，或將合板浸漬於耐火劑溶液中而製成者。

### 5. 木心板

係以木板條夾於二塊單板間，經加壓膠合而成。由於木心板之小板條間有或大或小之縫隙，因此強度甚差，故木心板一般僅供裝修或傢俱用，不適於結構用或模板工程用。

## (二) 膠合板

膠合板係以厚度相似之薄板，在平行於纖維方向互相疊合，用黏著劑膠合成一體，並具結構耐力之構材。膠合板在施工上的主要特點，乃在於長跨徑的發展，亦即材料的長度及寬度可自由延伸。由於木材正面如同天然纖維狀的材

料般具有可撓性，利用此特性，可將數層木板膠合而製成曲木，而不必用大塊原木鋸切成曲木，可以節約木材的使用，而降低成本。

木板彎曲前通常需經蒸煮或浸熱水處理，以增加可撓性並防止木材發生劈裂。彎曲後之木材組件必須固定成形，且讓其氣乾，否則它將會彈回成直線或很接近直線；待木材組件乾燥後即可保持其形狀。膠合板主要作為建築材料使用，並可製造傢俱、絕緣板及其他精巧製品。圖3-8所示為以膠合由木製成之木椅座板及木椅扶手。

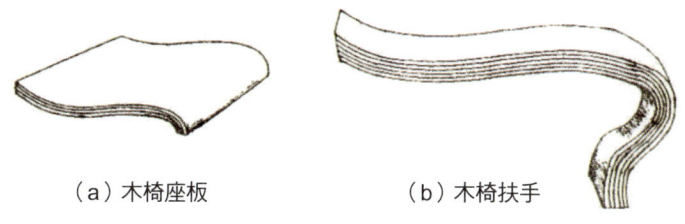

（a）木椅座板　　　　（b）木椅扶手

（圖3-8，以膠合曲木製作之木椅座板及木椅扶手）

## (三) 人造板

塑合板與纖維板均為人造木板，應用範圍甚廣，舉凡木材應用之處多可取而代之，且有若干場合較木材為佳，主要作為建築材料及傢俱製造之用。

塑合板亦稱粒片板，係以碎木片、蔗渣、鉋花等纖維物質，不經蒸解，而以人造樹脂或其他黏劑黏壓而成；因不經蒸解，又稱乾法人造板。塑合板之優點為各方向應力均勻，強度超過木板，具防水、防熱之性能。缺點為價格高於木材，板面無紋理，缺乏親切感。

纖維板係以蔗渣、木材等纖維物質，先經蒸解等處理，再上膠，加熱、加壓而製成，又稱為濕法人造板。依中國國家標準，纖維板分為兩類：

**1. 硬板**：薄而硬，用於隔音及天花板。
**2. 絕緣板**：厚度大、多孔、質疏，具隔音、隔熱之效。

此外，尚有一種人造木板，稱為木絲水泥板，又稱鑽泥板，係以木材之鉋花混合水泥而製成。因木絲（鉋花）質輕，且板中有孔隙，因此具有隔音、隔熱之效，但無法防水、防潮。建築物頂層之斜屋頂或隔間牆常鋪設各種浪板，浪板底部或內部可墊以木絲水泥板，具有隔熱隔音之效。

## 六、台灣天然木材來源
### (一) 國產材
**1. 針葉樹**

(1) **紅檜**：俗稱松梧、薄皮，與台灣扁柏通稱為檜木，日語稱為 Hi-No-Ki。為常綠大喬木，係東亞針葉樹中最高大者，其最大樹圍可達 20 m，高 50～60 m，惟老樹幹樹心多呈空洞，以致減低利用價值。邊材與心材之境界分明，較台灣扁柏略帶淡紅色。年輪明顯，木理通直，木肌細緻，弦斷面具美麗花紋，香氣強。木材加工性質大致與台灣扁柏相似，但生材較台灣扁柏重，氣乾材卻較台灣扁柏輕（因含水量較多），材質輕軟，至於耐蟻性與耐濕性則較台灣扁柏為強。為省產優良木材，主要用途為建築物一般結構、傢俱、門窗等。

(2) **台灣扁柏**：俗稱黃檜、厚殼檜，邊材心材色調不同，但區別不明顯。木理通宜均勻，木肌細緻，富光澤，富彈性，耐腐性及耐蟻性極高，乾燥容易，但收縮變形極小。鉋削加工容易，釘著性良好，易塗裝，易膠合，是省產一級針葉木，與紅檜可說是製造傢俱、門窗、櫥櫃等最優良的木材。又因木理通宜，取大材容易，可作為木造建築之柱、梁結構用。

(3) **台灣杉**：俗稱亞杉。日據時代，日人從日本引進柳杉入台，而稱台灣杉為亞杉（亞為「第二」之意）。亞杉為台灣固有之單型樹種，生長極速能成大材，樹幹通宜，直徑可達 3 m，高可達 40～60 m，可惜繁殖不易。亞杉木肌細緻，缺乏光澤，質軟，易乾燥，收縮小，塗裝性佳。可作為

一般結構、傢俱、合板等用材。

(4) **柳杉**：原產地日本，俗稱日本杉，直徑可達 1.8 m，高可達 40 m。樹幹通直，生長極速，年輪明顯，木肌粗糙，密度小，有香氣，材質輕軟，可作為建築物一般結構、橋梁、模板支柱、電桿、造紙、火柴棒等用材。

(5) **鐵杉**：俗稱拇木，無邊材心材之區分，色調為黃白色或黃灰色。木理通宜均勻，木肌稍粗，密度中庸，材質略堅硬，鉋削加工稍困難，耐朽性弱，過潮濕易腐朽。工業上大多用於製箱，或內襯骨架，枕木等。

(6) **松木**：松為溫帶木，質韌，強度佳，富耐久性，且含多量樹脂，故適用於乾濕交觸處。水中建築之柱樁，地板等多用此木。

(7) **杉木**：亦稱福州杉或福杉。質輕軟，有香氣，心材耐腐耐蟻性強，鉋面光滑，乾燥快，不反翹，號稱為製作「棺木」最佳之木材。台灣產量不足，多由大陸進口。

(8) **台灣肖楠**：俗稱黃肉仔，因其木材色澤略偏黃色，故名之，是台灣的針葉五木之一。主要分佈在台灣北部及中部海拔 300～1900 公尺之山地，分佈海拔高度比紅檜或台灣扁柏為低，也是台灣特有樹種。台灣肖楠樹形優美，為著名園藝樹；木材質地緻密良好，不受白蟻蛀蝕，可媲美紅檜或台灣扁柏，是省產一級針葉樹，為建築、傢俱、雕刻及裝飾之良材；其木屑芬芳清香，俗稱淨香，可用來製線香。

## 2. 闊葉樹

(1) **櫸木**：俗稱雞油。邊材為淡紅色，心材為鮮紅色，質地堅硬強韌且重，絕乾比重為 0.77～0.85，吸水性小，不反翹及開裂，為省產闊葉樹中最優良者。木紋優美而光澤顯著，常作為鉋刀、農具、扶手、地板、雕刻、高級傢俱等用材。

(2) **抽木**：亦名麻櫟，俗稱 Gi-Ku。木材堅緻耐久，材面美觀，木紋十分古樸典雅，歷久彌新。因富油質，防水性佳，不易被蟲蛀，為闊葉樹中貴重

之木材，常作為地板、桌椅、櫥櫃、裝飾等用材，且為良好造船材料。可惜台灣產量不多，目前多由東南亞進口泰國柚木。

(3) **樟木**：心材黃褐色，有強烈芳香氣味，是木材中防蟲效果最佳者，可提煉出樟腦作為殺蟲劑之用，耐水性、耐朽性極佳，可作為衣櫥、衣櫃、衣箱之用材。

(4) **銀杏**：銀杏又稱白果，因其果實形似小杏且核色白而得名，為一種長壽的落葉大喬木；其長壽的秘訣在於生長非常緩慢，結實年齡在 30 年以上，又有「公孫樹」之稱，因為公公種樹，得待到孫子輩始得果實。銀杏生命力強且不怕污染，其歷史淵源古遠，在古生代二疊紀發生，至中生代侏羅紀達到頂盛，至今已超過二億年，遺留下來的化石中，有些與現在的銀杏樹簡直一般無異，是當今世界上最古老的樹種，也是不折不扣的活化石。銀杏高大雄偉，入秋後扇形葉片轉為紅黃色，是一種優美的行道樹和景園樹，台灣大學溪頭實驗林現有一處銀杏人工林。銀杏材質細緻輕軟，紋理均勻，富彈性，有光澤，不開裂，為優良用材，亦可作雕刻用。

(5) **楠木**：又名大葉楠。有香氣，黃褐色，中等堅硬，耐磨，易加工，易乾燥且變形小，耐朽性稍強，可供梁柱、桌椅之用。

(6) **黃楊木**：亦名石柳。色淡黃，生長較慢。木材紋理均勻，質堅緻密，耐磨擦，加工後表面甚為光滑，為製木梳、印章、煙嘴、雕刻之材料。

(7) **烏心石**：木理均勻，木肌細緻，富光澤，材質堅硬強韌，不易劈裂，耐朽性強，多包面光滑，常作為農具、傢俱、樂器、雕刻等用材。

(8) **相思樹**：質堅重而硬，木肌細緻，木理斜走，枝節多，材質堅硬，強度大，吸水性大；半腐之樹幹，易寄生菌絲，而長出靈芝。絕乾比重為 0.75～0.92，常作為車輛、傢俱、枕木、農具等用材。

## (二) 輸入材

由國外輸入台灣之木材，主要為東南亞方面輸入之傢俱用硬材類，及由北美地區輸入之木材，茲分述如下：

### 1. 東南亞輸入之硬木類木材

**(1) 紅柳安：** 通常所稱柳安者，即指紅柳安，熱帶木，多產於菲律賓、印尼及馬來群島。色微紅，無節疤，心材部分易受蟲蝕，且輕而脆，故除心材外均可用。木理通宜，質韌不易折斷，紋理緻密，堪稱價廉物美，是台灣製造合板之最主要材料。營建工程之模板、支撐，常以柳安木為材料。至於白柳安，心材色灰，邊材色淡，亦是台灣地區製作合板及營建工程之重要材料。

**(2) 柚木：** 產於泰、緬等，通稱為泰國柚木。木紋明顯，紋路自然渲染、多變化，硬度適中，防水性佳，收縮變形小，適用於濕度較高的場所，用於高級傢俱及裝飾。

**(3) 花梨木：** 產於泰國、寮國。木紋明顯，黃褐色或深紅色，木質堅硬，色澤天然且變化大，具神秘感，是極帶喜氣的花俏建材，用於櫥櫃、桌椅等。

**(4) 紫檀木：** 產於泰國、越南、印度、馬來半島等地。紫黑色或紫紅色，材質堅硬且重，富有油質，質感細膩，氣乾比重達 1.2，用於高級傢俱、樂器、櫥櫃等。

**(5) 越南檀木：** 俗稱「越檜」，為近年來由越南進口之木材。淡黃色，木理優美，耐朽性佳，但芳香之氣味及收縮變形小之性質，仍不及台灣檜木。

**(6) 黑檀：** 產於泰國、馬來半島等地。呈黑色，質地堅硬且重，氣乾比重高達 1.3，大都作為高級傢俱或高級筷子、飯匙等之用材。

**(7) 南洋櫸：** 產於東南亞。沒有紋路，黃褐色，顏色均勻。不論紋理，質地或收縮變形等性質，皆不及台灣櫸。價格低廉，屬經濟性木材，目前大量使用於傢俱、扶手、地板等。

**2. 北美洲輸入之木材**

(1) **美松**：輸入量多，材身大而價廉，瑕疵少，強度尚佳，適合於土木建築工程之大量需要。

(2) **美杉**：與美松同為輸入量最多之木材，材身較美松小，木理較細，瑕疵少，強度佳，適用於土水建築。

(3) **美檀**：產於美國，產量較少。紋理及色澤類似台灣檜木，但收縮變形較大，而香味及耐腐朽之性質，則遠不及台灣檜木。

(4) **橡木**：俗稱 OAK，有白橡木及紅橡木。白橡木產於中國大陸，紅橡木產於北美地區，價格中等，多用於桌椅、櫥櫃。

(5) **楓木**：產於美、加地區。淡奶油色，色澤十分柔和，紋路細緻，硬度適中，收縮變形大，不適合濕氣較重之場所。

## (三) 竹材

　　竹主要產於熱帶地區，亦產於亞熱帶及溫帶，而以亞洲為主要產地。竹可用以製造日用器具，以及用在臨時性之建築，因耐久性較差，工程上並不重視。但因其價格低廉，抗拉強度高，兼具韌性、彈性，為一般木材所不及，因此常用於工程鷹架、竹橋、竹筏、棚廠、輸水管及製紙原料等。

　　竹中空有節，纖維通直，容易劈切，強度大，靠近表皮部分強度較大，而逐步向內降低。富彈性、韌性，新竹比重為 1.1～1.2，乾竹比重為 0.3～0.4；抗拉強度約為 1500～2500 kgf/cm$^2$，抗撓強度約 2000 kgf/cm$^2$。在室外之竹，不久即早枯黃；暴露於風雨中者，腐朽更快，耐久性不住。竹之生長年齡，普通約三年即可成材，在 3～5 年間即應採伐。採伐季節以 9～11 月為宜，因此時期竹所吸收之水分極少；在春夏採伐之竹，則容易腐朽。

竹材用於工程上之優點乃為強度高（比木材高約 50～100％），加工容易，價廉，比重小，生長快速；缺點為彈性係數小，含水量變化時收縮生大，易產生裂縫，及蟲蛀腐朽等。因此竹材在使用前，必須先以特殊處理，以延長其使用年限。

竹材之腐朽，將降低竹材強度，且使其壽命減短；因此竹材之防腐處理極為重要。常用之防腐處理方法如下：

### 1. 防止竹材吸水

將竹材表面塗抹生漆、柏油、松柏，或在熟桐油中浸煮，可大量降低竹材之吸水率，同時亦具有防腐、防蟲之效。

### 2. 化學防腐硬化劑

先將竹材風乾，依其用途，適當加工，然後浸泡於氯化鎂、氯化鉀、氯化鈉及硫酸鎂等防腐液中，使竹材盡量吸收液劑，然後用泥漿狀之硬化材料，使材料黏著而硬化，形成外層之保護膜，可達到良好的殺菌、防蟲、防霉效果。

台灣地區之竹類大約六十多種，其中二十種為本地固有竹種，其餘為外來竹種。而能供食用者，主要為綠竹筍，其次為毛竹、麻竹、桂竹等之筍。其中毛竹之筍，稱為冬筍，在食品界中極富盛名。而適用於工程上者，主要有三種，即苦竹、淡竹及毛竹。

資料來源：陳耀如、洪國珍、劉叔松，《工程材料 II》，旭營文化事業有限公司，2007 年 12 月。

## 3.2 木工機具操作

### 前言

　　實物操作是本單元重要目標，木工機具操作分為「手工具」及「機械設備」兩大部分，因木工機具種類繁多，無法一一介紹，而且同類型機具功能也大同小異，因此本單元只針對常用手工工具及木工加工機械設備，做概略性的簡單使用說明。

　　下列機具皆為常用設備，因規模大小不一，可選擇性設置。

（圖3-9，提供：王龍盛）　　　　　（圖3-10，提供：王龍盛）

手壓鉋床（正、背面）：用於校正木材的頂面或側面，作為鉋削之基準面。

（圖3-11，提供：王龍盛）　　　　　（圖3-12，提供：王龍盛）

大（重）型平台式圓鋸機，適合大量木板或厚木板的裁切。

（圖3-13，提供：王龍盛）　　　　　　（圖3-14，提供：王龍盛）

大(重)型平台式圓鋸機（橫切操作）　　移動型平台式圓鋸機（縱切操作）

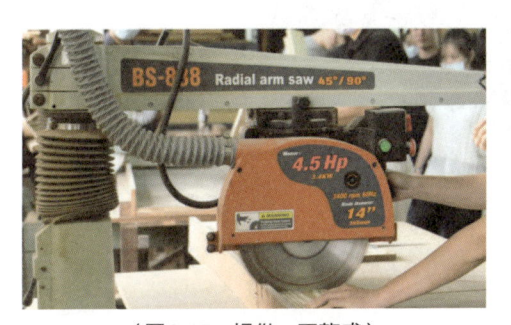

（圖3-15，提供：王龍盛）　　　　　　（圖3-16，提供：王龍盛）

臂式圓鋸機（適合橫切）　　　　　　　電動砂磨機

（圖3-17，提供：王龍盛）　　　　　　（圖3-18，提供：王龍盛）

角鑿機　　　　　　　　　　　　　　　鑽床（機械、木工通用）

註：上述設備本文無介紹，僅供參考。

3-33

## 手工具篇

### 鉋刀單元

（圖3-19，鉋刀單元。拍攝：王龍盛）

### 鉋刀

（圖3-20，鉋刀單元。拍攝：王龍盛）

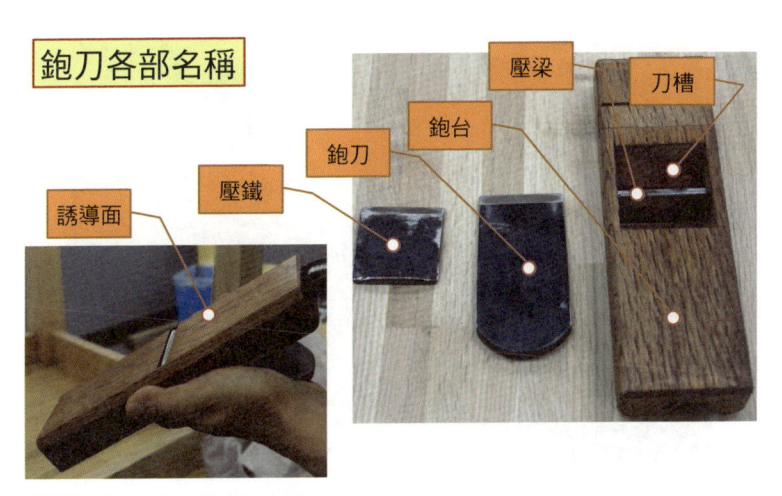

（圖3-21，鉋刀各部名稱。示範：王龍盛。拍攝：王龍盛、朱芸霈）

鉋刀各部名稱：誘導面、壓鐵、鉋刀、鉋台、壓梁及刀槽。

（圖3-22，鉋刀組裝程序（一）：鉋刀安裝。示範：王龍盛。拍攝：朱芸霈）

鉋刀組裝程序（一）：鉋刀安裝。
1. 鉋刀斜口面向誘導面。2. 左手大拇指輕壓鉋刀。3. 左手控制鉋刀，刀刃不可凸出誘導面。

3-35

創意實作 ▶ 木工機具操作輕鬆學

（圖3-23，鉋刀組裝程序（二）：壓鐵安裝。示範：王龍盛。拍攝：朱芸霈）

鉋刀組裝程序（二）：壓鐵安裝。
將壓鐵置於鉋刀與壓梁間，用於緊迫固定鉋刀。

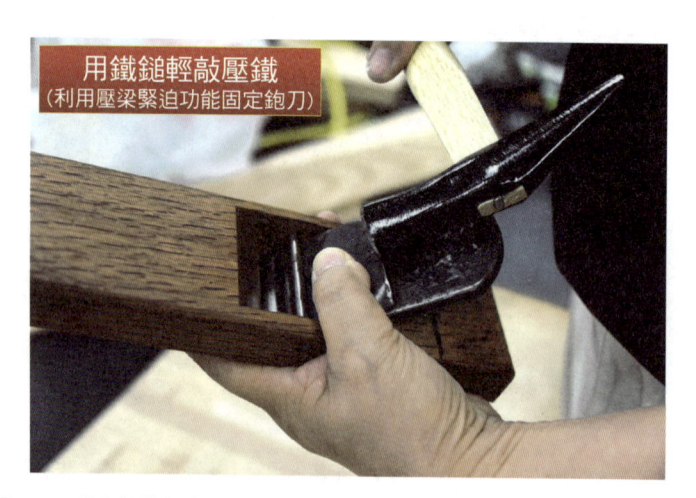

（圖3-24，鉋刀組裝程序（三）：壓鐵緊迫鉋刀。示範：王龍盛。拍攝：朱芸霈）

鉋刀組裝程序（三）：壓鐵緊迫鉋刀。
利用鐵鎚輕敲壓鐵，緊迫鉋刀，以達鉋刀固定之目的。

3-36

（圖3-25，鉋刀組裝程序（四）：調整鉋刀出刀量（一）。示範：王龍盛。拍攝：朱芸霈）

鉋刀組裝程序（四）：調整鉋刀出刀量（一）。
1. 反拿鉋刀讓誘導面朝上，用鐵鎚輕敲鉋刀端部讓刀刃凸出誘導面約 0.3～0.6 mm。
2. 依鉋削量的多寡，決定鉋刀刀刃凸出誘導面的量。

（圖3-26，鉋刀組裝程序（五）：調整鉋刀出刀量（二）。示範：王龍盛。拍攝：朱芸霈）

鉋刀組裝程序（五）：調整鉋刀出刀量（二）。
1. 用手指輕觸刀刃並依刀刃垂直方向移動（如上圖所示），檢視出刀量。
2. 手指移動方向不可與刀刃平行，以免割傷。

3-37

creative實作 ▶ 木工機具操作輕鬆學

（圖3-27，鉋刀組裝程序（六）：調整鉋刀出刀量（三）。示範：王龍盛。拍攝：朱芸霈）

鉋刀組裝程序（六）：調整鉋刀出刀量（三）。
刀刃凸出量若太多時，可用鐵鎚輕敲鉋台後端，讓刀刃退縮，修正刀刃出刀量（凸出誘導面的量）。

（圖3-28，鉋刀組裝程序（七）：調整鉋刀出刀量（四）。示範：王龍盛。拍攝：朱芸霈）

鉋刀組裝程序（七）：調整鉋刀出刀量（四）。
若刀刃凸出量不足時，則以鐵鎚輕敲鉋刀端部，讓刀刃凸出誘導面。

(圖3-29，鉋刀組裝程序（八）：調整鉋刀出刀量（五）。示範：王龍盛。拍攝：朱芸霈）

鉋刀組裝程序（八）：調整鉋刀出刀量（五）。
1. 以鐵鎚輕敲壓鐵，讓壓鐵與鉋刀平行。
2. 以鐵鎚輕敲壓鐵端部，推壓鐵進入壓梁，緊迫固定鉋刀（不可讓壓鐵凸出刀刃）。

(圖3-30，鉋刀組裝程序（九）：調整鉋刀出刀量（六）。示範：王龍盛。拍攝：朱芸霈）

鉋刀組裝程序（九）：調整鉋刀出刀量（六）。
若因固定壓鐵，使刀刃出刀量太多，必須重新調整出刀量。

（圖3-31，鉋刀組裝程序（十）：調整鉋刀出刀量（七）。示範：王龍盛。拍攝：朱芸霈）

鉋刀組裝程序（十）：調整鉋刀出刀量（七）。
若刀刃出刀量太少時，必須加大出刀量。

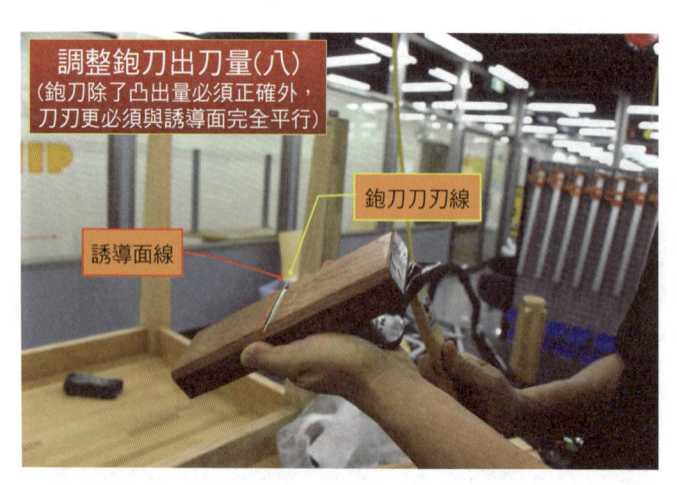

（圖3-32，鉋刀組裝程序（十一）：調整鉋刀出刀量（八）。示範：王龍盛。拍攝：朱芸霈）

鉋刀組裝程序（十一）：調整鉋刀出刀量（八）。
1. 刀刃凸出誘導面之出刀量必須與誘導面完全平行。
2. 若凸出量不平行於誘導面時，以鐵鎚調整鉋刀側端面，校正之。

（圖3-33，鉋刀組裝程序（十二）：調整鉋刀出刀量（九）。示範：王龍盛。拍攝：朱芸霈）

鉋刀組裝程序（十二）：調整鉋刀出刀量（九）。
1. 調整完成後，必須再次用手輕觸，檢查出刀量是否適當。
2. 檢查方法與「調整鉋刀出刀量（二）」相同，小心手指割傷。

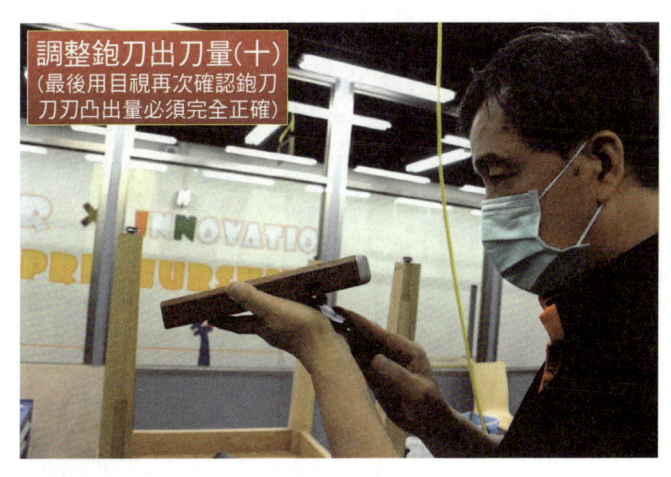

（圖3-34，鉋刀組裝程序（十三）：調整鉋刀出刀量（十）。示範：王龍盛。拍攝：朱芸霈）

鉋刀組裝程序（十三）：調整鉋刀出刀量（十）。
出刀量調整完成後，最後再以目視確定鉋刀刀刃出刀量是否符合要求。

創意實作 ▶ 木工機具操作輕鬆學

（圖3-35，試鉋鉋削量（一）。示範：王龍盛。拍攝：朱芸霈）

試鉋鉋削量（一）。
1. 鉋刀調整完成後，必須進行「試鉋」，用以檢查木材鉋削厚度是否適當。
2. 鉋刀鉋削時，必須注意木紋為「順紋」，才能進行鉋削工作。

（圖3-36，試鉋鉋削量（二）。示範：王龍盛。拍攝：朱芸霈）

試鉋鉋削量（二）。
若鉋削厚度不適當，不管太厚或太薄，皆須重新調整刀刃出刀量，讓鉋削工作順暢無誤。

（圖3-37，鉋刀檢查。示範：朱芸霈。拍攝：王龍盛）

鉋刀檢查。
鉋刀使用前，皆必須檢查每把鉋刀的出刀量及工作狀況，以確保鉋削工作順利進行。

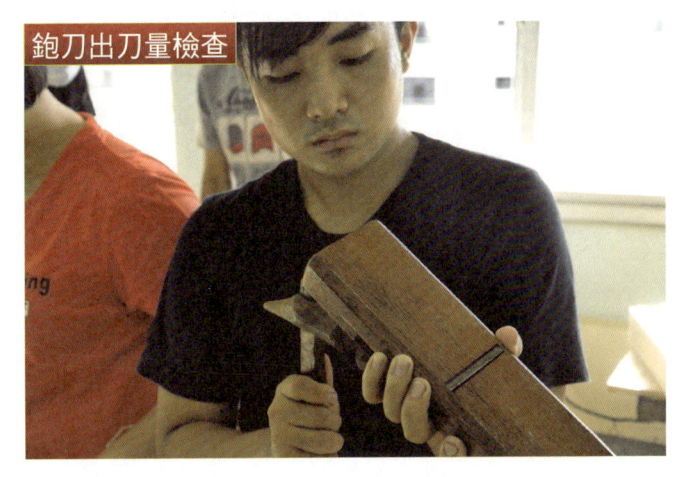

（圖3-38，鉋刀出刀量檢查。示範：許仕穎。拍攝：王龍盛）

鉋刀出刀量檢查。
鉋刀使用前必須做刀刃檢查、調整，以確保鉋削工作順利。

創意實作 ▶ 木工機具操作輕鬆學

鉋削

（圖3-39，鉋削。示範：許士穎。拍攝：王龍盛）

## 鑿刀單元

（圖3-40，鑿刀單元。拍攝：王龍盛）

## 鑿刀

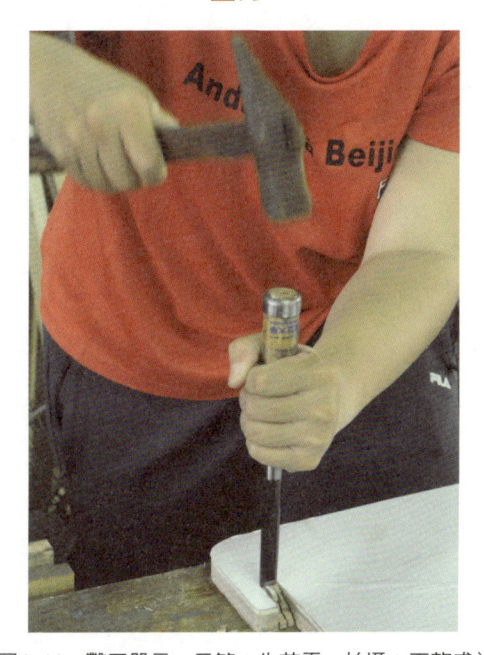

（圖3-41，鑿刀單元。示範：朱芸霈。拍攝：王龍盛）

創意實作 ▶ 木工機具操作輕鬆學

（圖3-42，鑿刀使用方法。示範：王龍盛。拍攝：朱芸霈）

鑿刀使用方法：
1. 鑿刀使用前必須確認刀口完全鋒利。
2. 須先以劃線工具定出鑿切範圍。
3. 木材必須固定，才能進行鑿切工作。
4. 必須握緊鑿刀握柄，對準標線，再以鐵鎚進行鑿切。
5. 鑿切時，必須先把木材與木紋垂直方向切斷，不可順木紋方向鑿切，以免劈裂木材。
6. 切斷木紋時，必須平口朝外。
7. 確認木紋垂直切斷後，便可以鑿刀斜口切刃進行榫槽鑿切。
8. 鑿切時，鑿刀須由外向內以鐵鎚輔助，進行鑿切。

（圖3-43，鑿刀切鑿榫槽（一）。示範：朱芸霈。拍攝：王龍盛）

鑿刀切鑿榫槽（一）。
鑿切時，握緊鑿刀，且鐵鎚落鎚時必須準確。

（圖3-44，鑿刀切鑿榫槽（二）。示範：陳紘域。拍攝：王龍盛）

鑿刀切鑿榫槽（二）。
鑿切時，精神必須專注。

創意實作 ▶ 木工機具操作輕鬆學

（圖3-45，鑿刀切鑿榫槽（三）。示範：鍾承峻。拍攝：王龍盛）

鑿刀切鑿榫槽（三）。
使用鑿刀時，鑿刀及鐵鎚的握法必須正確，可採站姿或是坐姿。

（圖3-46，鑿刀榫槽修平（一）。示範：王龍盛。拍攝：朱芸霈）

鑿刀榫槽修平（一）。
可以手持鑿刀，以身體的重量加壓，進行槽（榫）孔的修整工作。

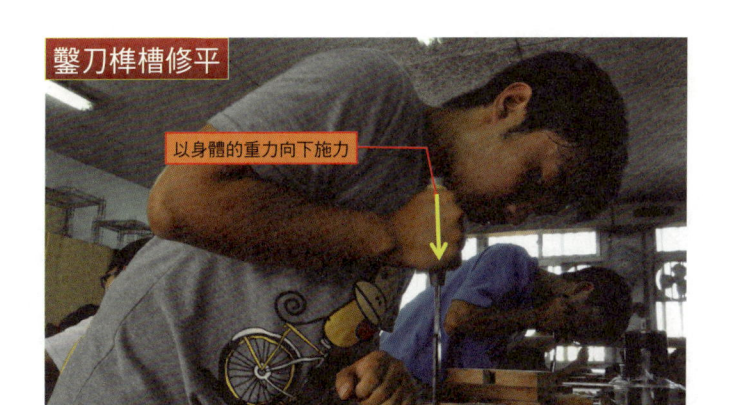

（圖3-47，鑿刀榫槽修平（二）。示範：許仕穎。拍攝：王龍盛）

鑿刀榫槽修平（二）。
手握鑿刀柄，以身體上半身加壓，進行槽孔的修平工作。

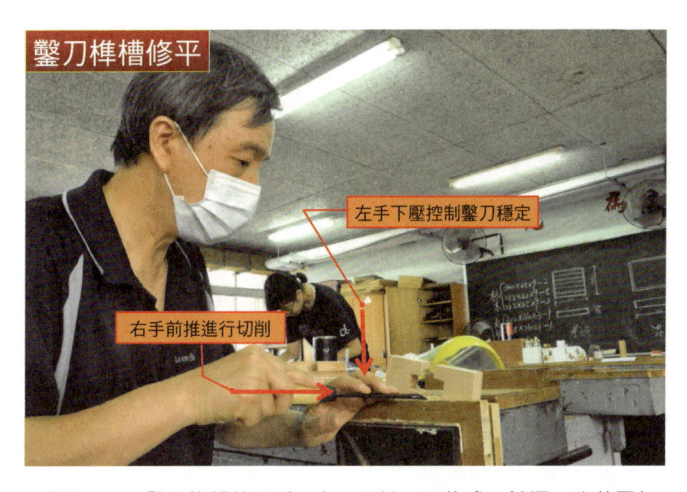

（圖3-48，鑿刀榫槽修平（三）。示範：王龍盛。拍攝：朱芸霈）

鑿刀榫槽修平（三）。
1. 鑿刀亦可進行木材表面修平的工作。
2. 以慣用手緊握鑿刀柄輕推鑿刀，另一隻手控制鑿刀面，進行木材修平工作。

創意實作 ▶ 木工機具操作輕鬆學

## 電動工具篇

### 平台式圓鋸機單元

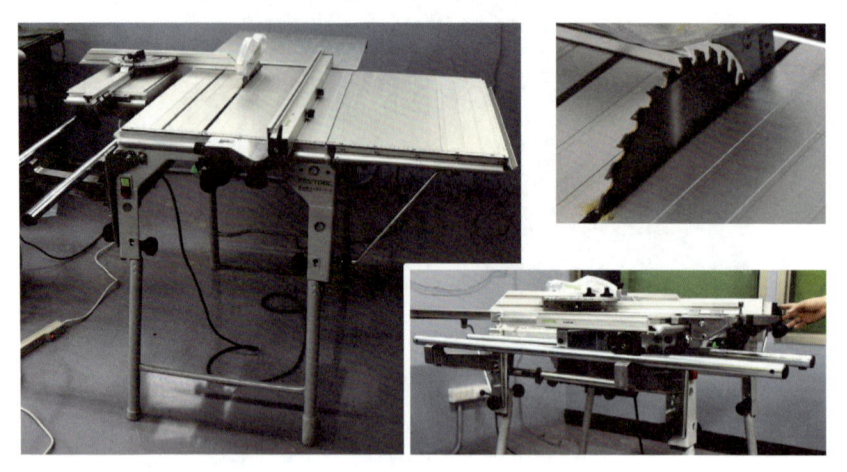

（圖3-49，平台式圓鋸機單元。拍攝：王龍盛）

### 平台式圓鋸機操作安全事項

**安全注意事項**
1. 請配戴護目鏡、口罩、安全鞋。
2. 防止捲入意外，請遵守下列事項：
   - 長髮者請束髮。
   - 禁止穿著寬鬆衣服(請束袖、紮衣)。
   - 禁止配戴領帶、項鍊、圍巾、手環等裝飾品。
   - 禁帶手套、耳機。
3. 操作機器時，視線不可離開轉動中的電鋸。
4. 操作機器時，身體任何部位皆不可通過電鋸切割線。
5. 操作機器時，嚴禁聊天、嬉戲。

## 平台式圓鋸機各部名稱

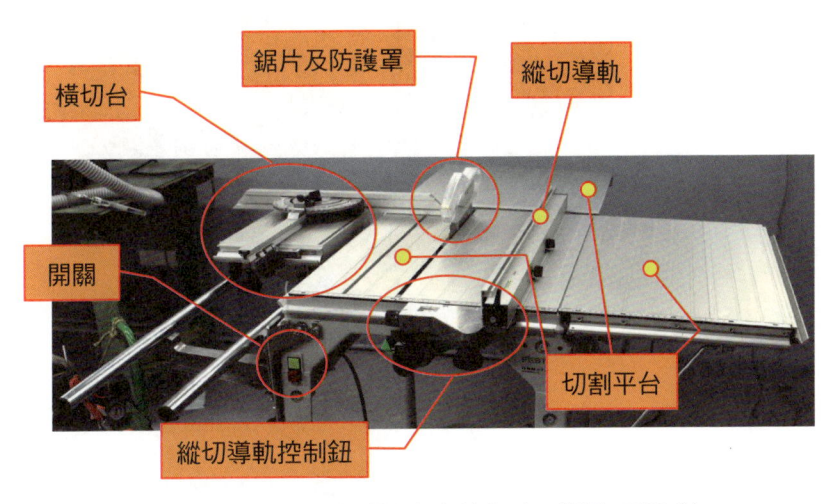

（圖3-50，平台式圓鋸機各部名稱（一）。拍攝：王龍盛）

平台式圓鋸機各部名稱（一）：如上圖所示。

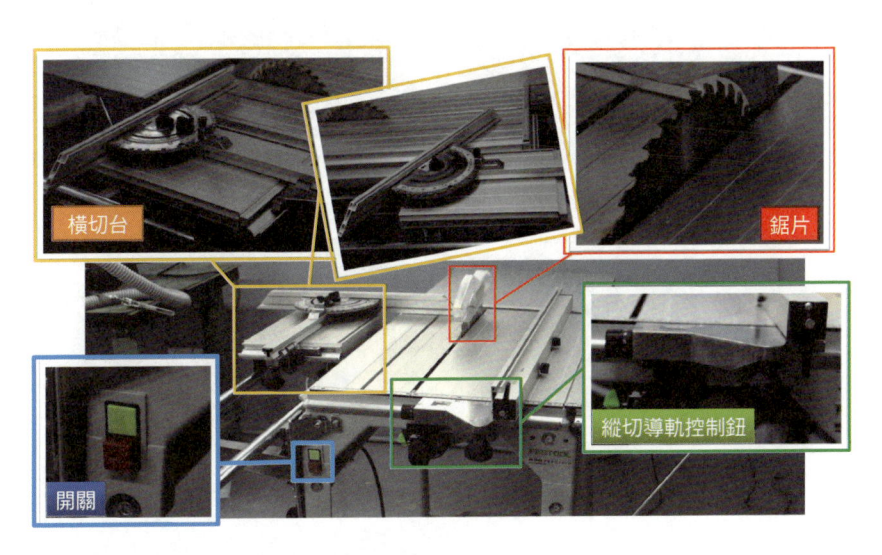

（圖3-51，平台式圓鋸機各部名稱（二）。拍攝：王龍盛）

平台式圓鋸機各部名稱（二）：如上圖所示。

**創意實作** ▶ 木工機具操作輕鬆學

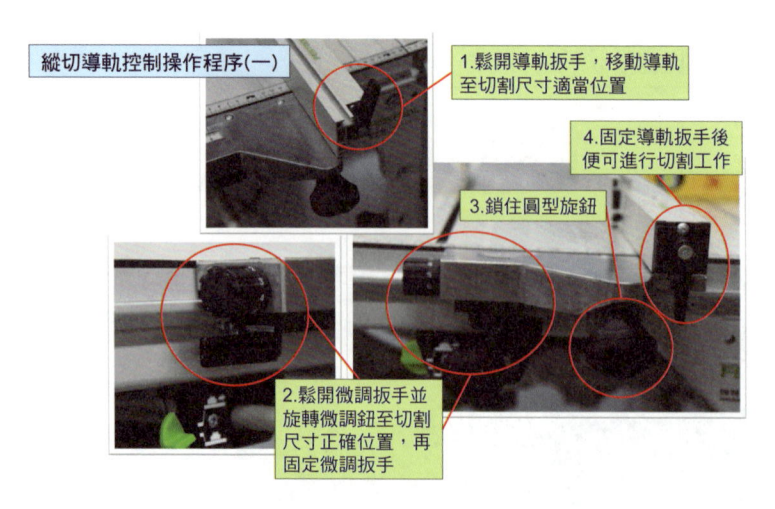

（圖3-52，縱切導軌控制程序（一）。拍攝：王龍盛）

縱切導軌控制程序（一）：操作程序如上圖所示。

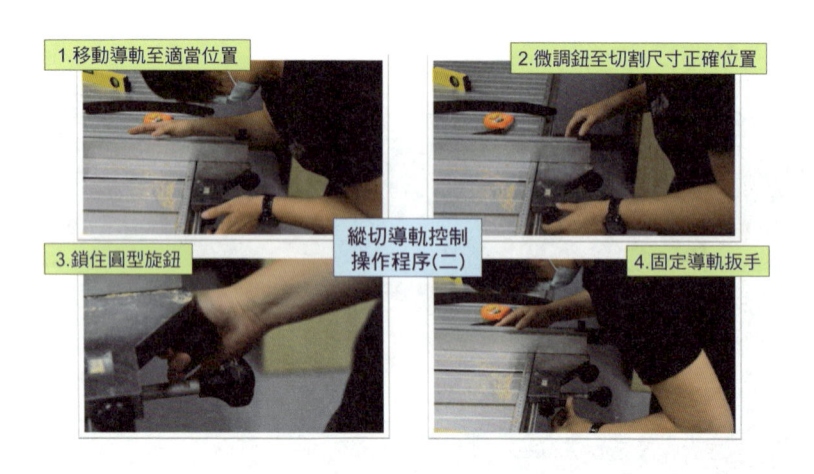

（圖3-53，縱切導軌控制程序（二）。示範：朱芸霈。拍攝：王龍盛）

縱切導軌控制程序（二）：操作程序如上圖所示。

3-52

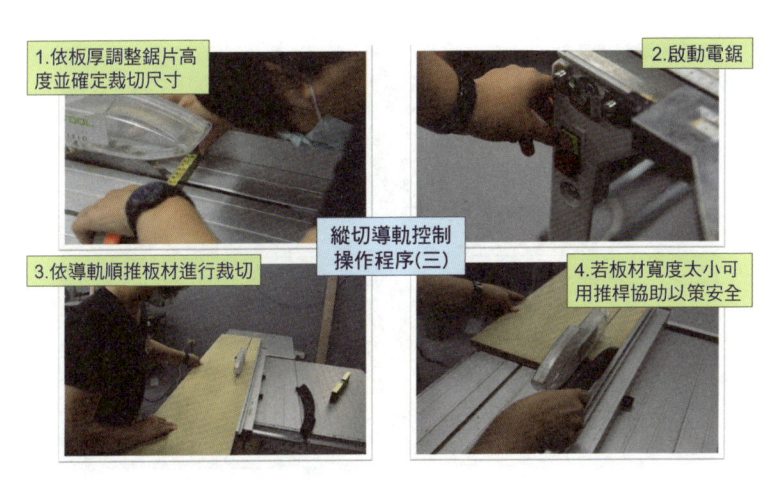

（圖3-54，縱切導軌控制程序（三）。示範：朱芸霈。拍攝：王龍盛）

縱切導軌控制程序（三）：
1. 鋸片高度須高於裁切木板厚度約 5 mm。
2. 裁切時，板材須緊依導軌前進。

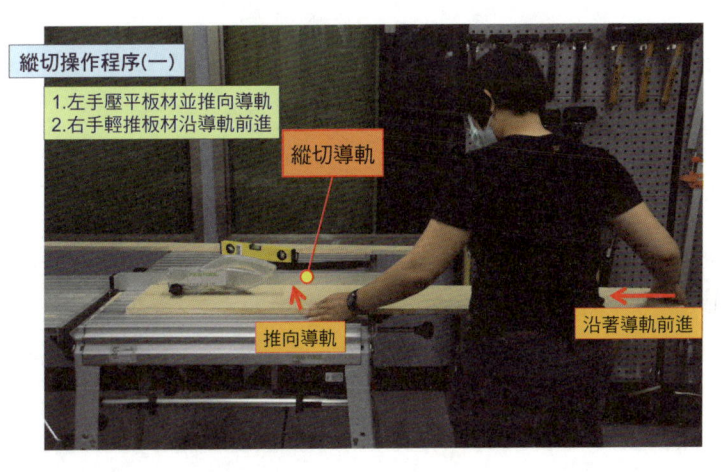

（圖3-55，板材縱切操作程序（一）。示範：朱芸霈。拍攝：王龍盛）

板材縱切操作程序（一）：
操作程序如上圖所示，木材必須緊貼縱切導軌進行裁切。

3-53

創意實作 ▶ 木工機具操作輕鬆學

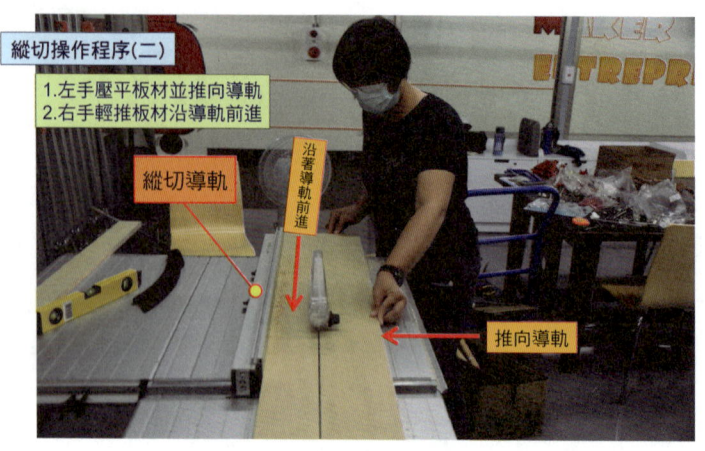

縱切操作程序(二)
1.左手壓平板材並推向導軌
2.右手輕推板材沿導軌前進

縱切導軌
沿著導軌前進
推向導軌

（圖3-56，板材縱切操作程序（二）。示範：朱芸霈。拍攝：王龍盛）

板材縱切操作程序(二)：
操作程序如上圖所示進行。

縱切操作程序(三)

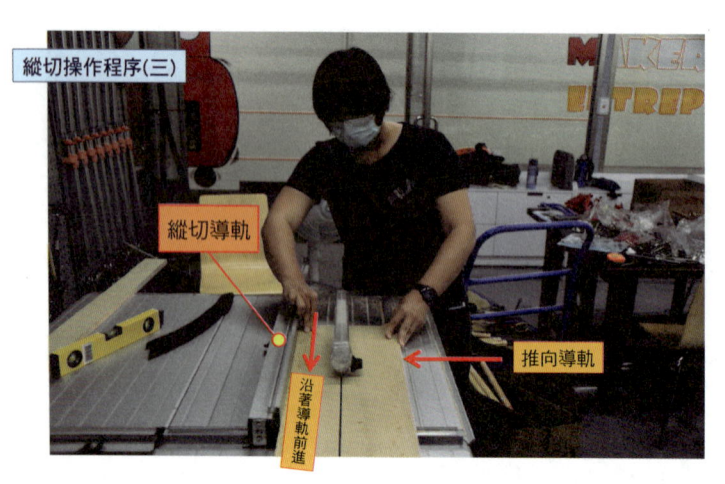

縱切導軌
沿著導軌前進
推向導軌

（圖3-57，板材縱切操作程序（三）。示範：朱芸霈。拍攝：王龍盛）

板材縱切操作程序(三)：
操作程序如上圖所示進行。

3-54

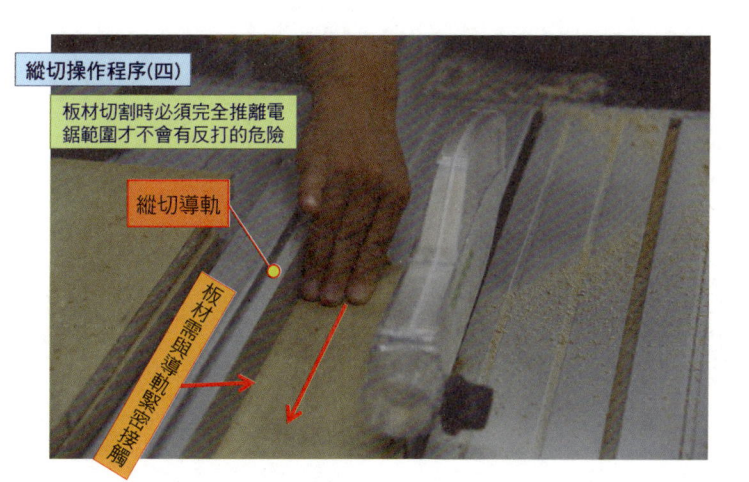

（圖3-58，板材縱切操作程序（四）。示範：朱芸霈。拍攝：王龍盛）

板材縱切操作程序 板材縱切操作程序(四)：
操作程序如上圖所示進行操作，以策安全。

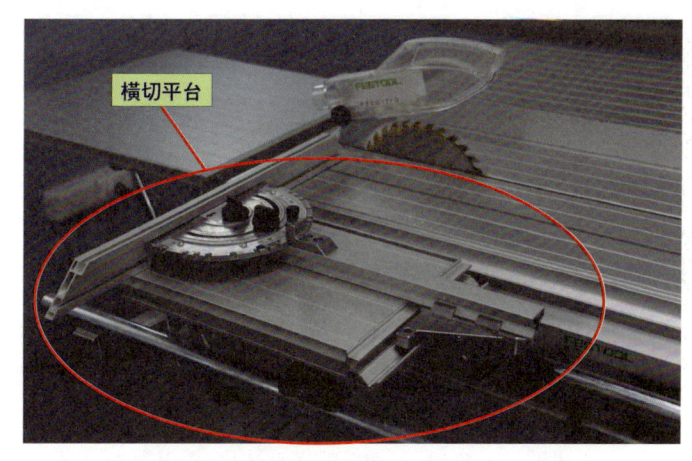

（圖3-59，橫切平台構造（一）。拍攝：王龍盛）

橫切平台構造(一)：如上圖所示。
橫切平台控制台可左右旋轉90度，進行各種角度的橫向裁切。

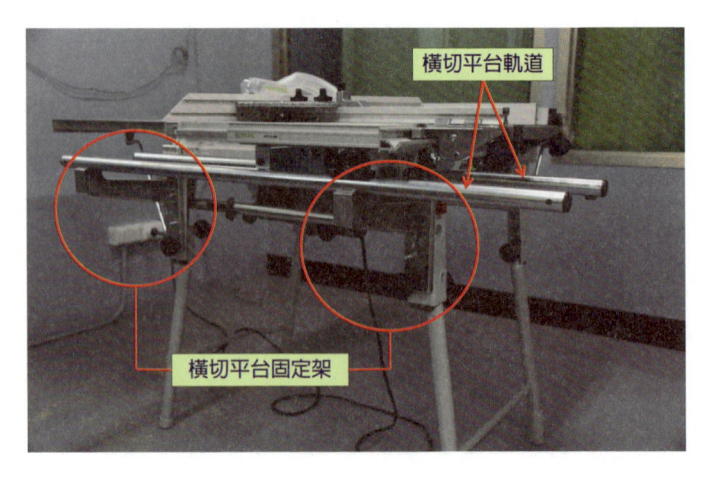

（圖3-60，橫切平台構造（二）。拍攝：王龍盛）

橫切平台構造(二)：如上圖所示。

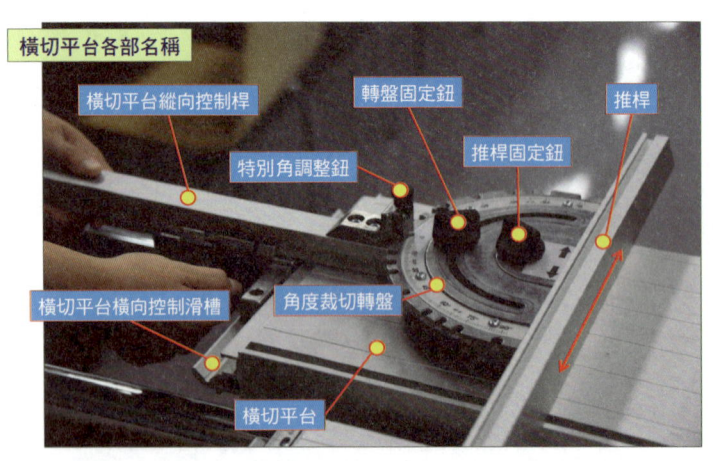

（圖3-61，橫切平台各部名稱。示範：朱芸霈。拍攝：王龍盛）

橫切平台各部名稱：如上圖所示。

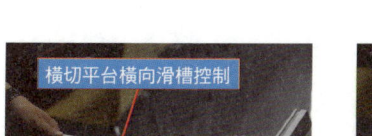

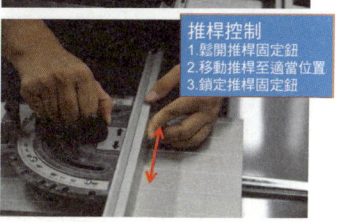

（圖3-62，橫切平台操控方法。示範：朱芸霈。拍攝：王龍盛）

橫切平台操控方式：操作程序，如上圖所示。

（圖3-63，橫切平台裁切板材操作程序。示範：朱芸霈。拍攝：王龍盛）

橫切平台裁切板材操作程序：如上圖所示。
依操作程序（一、二、三、四）進行板材裁切。

3-57

## 創意實作 ▶ 木工機具操作輕鬆學

**特殊板材橫切操作程序(一)**
拆除安全防護罩
以F夾具固定切割材

**特殊板材橫切操作程序(二)**
F夾固定切割材

**特殊板材橫切操作程序(三)**
安全防護罩已拆除，須特別注意手指安全

**特殊板材橫切操作程序(四)**

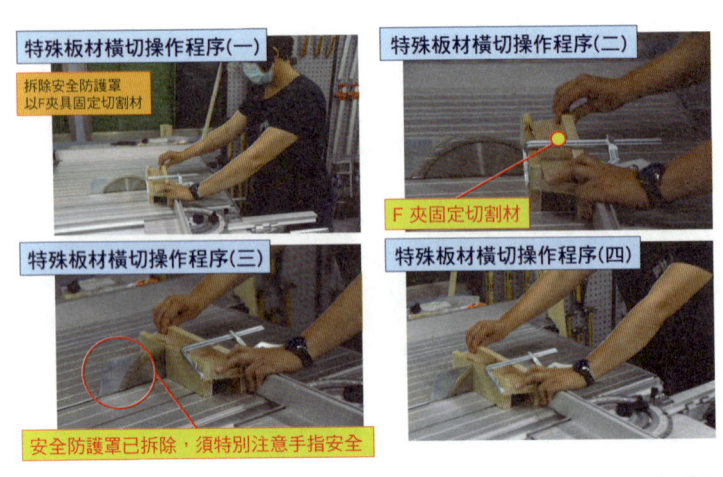

（圖3-64，特殊板橫切平台操作程序。示範：朱芸霈。拍攝：王龍盛）

特殊板橫切平台操作程序：如上圖所示。
依操作程序（一、二、三、四）進行特殊板材裁切。

**切斷面毛邊防止墊塊安裝**

未安裝墊塊易造成橫斷面裁切毛邊現象

墊塊安裝方法：
掀開鋸台面板，插入墊塊，推至定位，恢復鋸台面板即完成安裝工作

（圖3-65，切斷面毛邊防止墊塊安裝（有些機具無此設計）。拍攝：王龍盛）

切斷面毛邊防止墊塊安裝：（有些機具無此設計）
因鋸片鋸齒間距較大，裁切時易有毛邊現象，故須安裝防止墊塊，讓裁切面平整完好。安裝程序如上圖所示。

3-58

鋸片位置調整
操作程序

1. 推綠色半圓卡榫至上方
2. 旋轉並拉動拉桿至適當位置（三段卡榫）
3. 把綠色半圓卡榫推至下方，鎖定鋸片位置

調整前

調整後

（圖3-66，鋸片位置調整操作程序（有些機具無此設計）。拍攝：王龍盛）

鋸片位置調整操作程序：（有些機具無此設計）
本機台鋸片位置可移動，調整方法如上圖所示。

鋸片高低、角度調整
操作程序

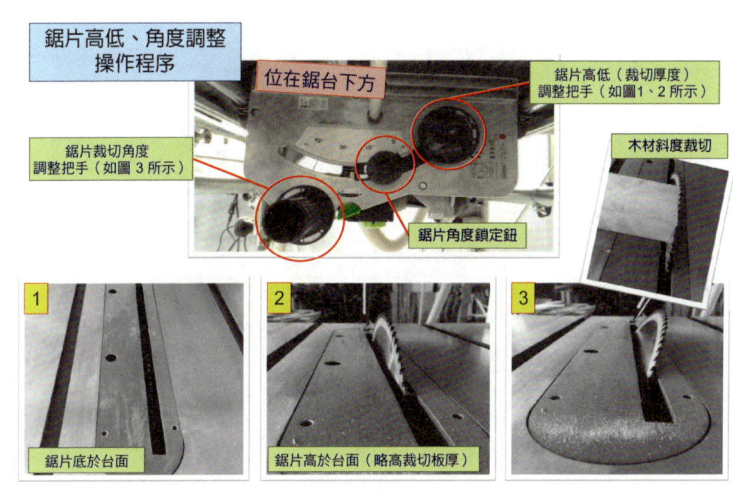

位在鋸台下方

鋸片高低（裁切厚度）
調整把手（如圖1、2所示）

鋸片裁切角度
調整把手（如圖3所示）

木材斜度裁切

鋸片角度鎖定鈕

1　鋸片底於台面
2　鋸片高於台面（略高裁切板厚）
3

（圖3-67，鋸片高低及角度調整操作程序。拍攝：王龍盛）

鋸片高低及角度調整操作程序：
操作方法如上圖所示，但調整方式會因廠牌、機型不同而有差異。

3-59

創意實作 ▶ 木工機具操作輕鬆學

（圖3-68，鋸片更換。示範：王龍盛。拍攝：朱芸霈）

**鋸片更換**
注意：學員非必要時切勿私自更換鋸片，務必請專業維修人員進行更換。

（圖3-69，機器清潔保養。示範：朱芸霈。拍攝：王龍盛）

機器清潔保養：每次使用完畢時，務必用高壓氣鎗清理並保養機台，保持圓鋸機完好。

## 角度圓鋸機單元

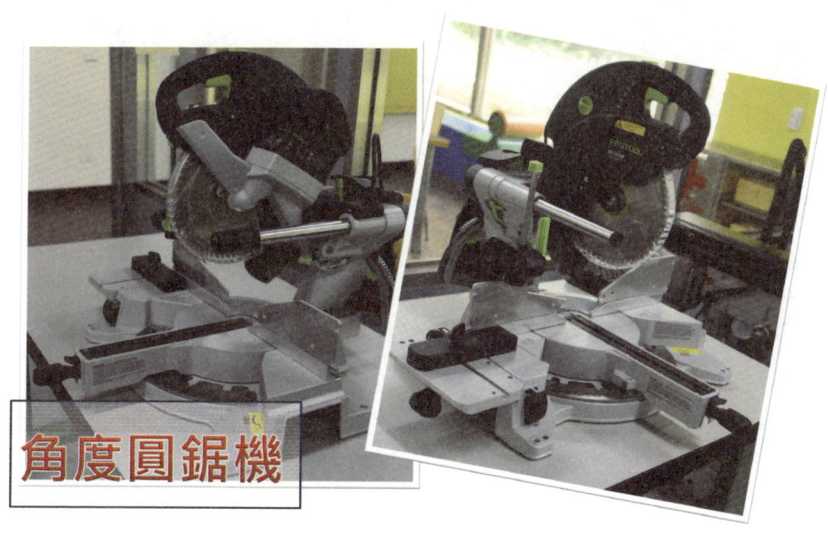

（圖3-70，角度圓鋸機單元。拍攝：王龍盛）

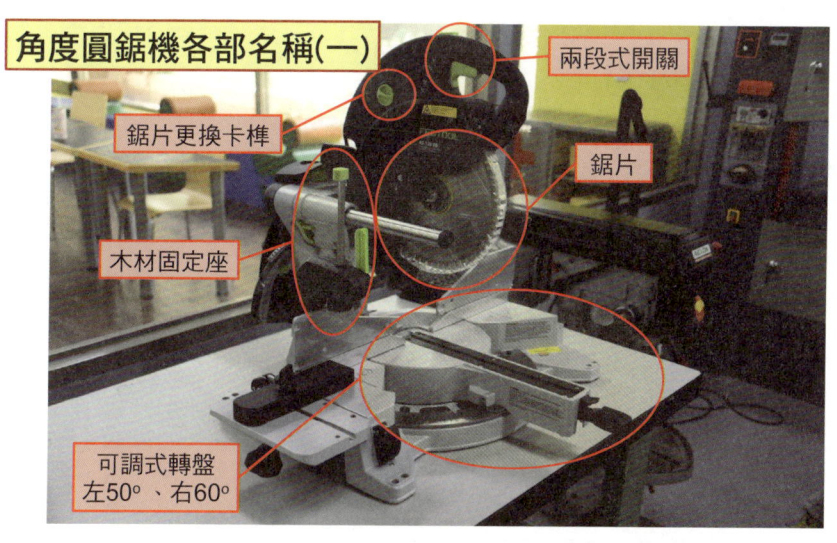

角度圓鋸機各部名稱(一)
兩段式開關
鋸片更換卡榫
鋸片
木材固定座
可調式轉盤 左50°、右60°

（圖3-71，角度圓鋸機各部名稱（一）。拍攝：王龍盛）

角度圓鋸機各部名稱（一）：機具各部名稱，如上圖所示。

3-61

**創意實作** ▶ 木工機具操作輕鬆學

**角度圓鋸機各部名稱(二)**

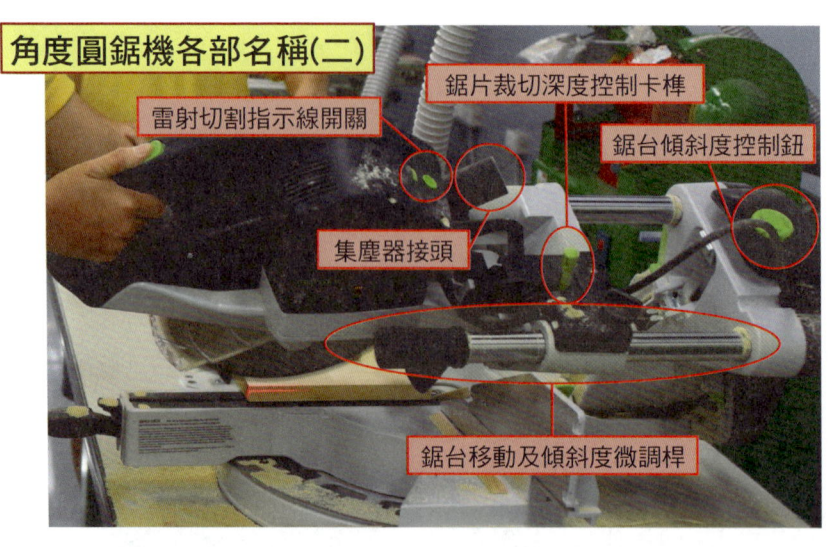

- 雷射切割指示線開關
- 鋸片裁切深度控制卡榫
- 鋸台傾斜度控制鈕
- 集塵器接頭
- 鋸台移動及傾斜度微調桿

（圖3-72，角度圓鋸機各部名稱（二）。示範：朱芸霈。拍攝：王龍盛）

角度圓鋸機各部名稱（二）：機具各部名稱，如上圖所示。

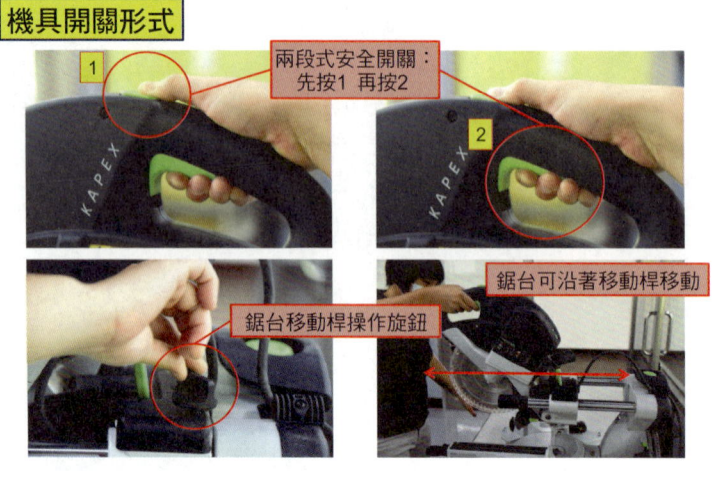

**機具開關形式**

- 1
- 兩段式安全開關：先按1 再按2
- 2
- 鋸台移動桿操作旋鈕
- 鋸台可沿著移動桿移動

（圖3-73，機具開關型式。示範：朱芸霈。拍攝：王龍盛）

機具開關型式：
本電鋸採兩段式安全開關設計，須雙按（1）、（2）按鈕才能啟動電鋸。

**鋸台傾斜角度操控**

1. 打開控制板
2. 握住電鋸把手可自由轉動鋸台傾斜角度
3. 轉動電鋸滑桿把手可精確微調鋸台傾斜角度

鋸台傾斜角度調整鈕

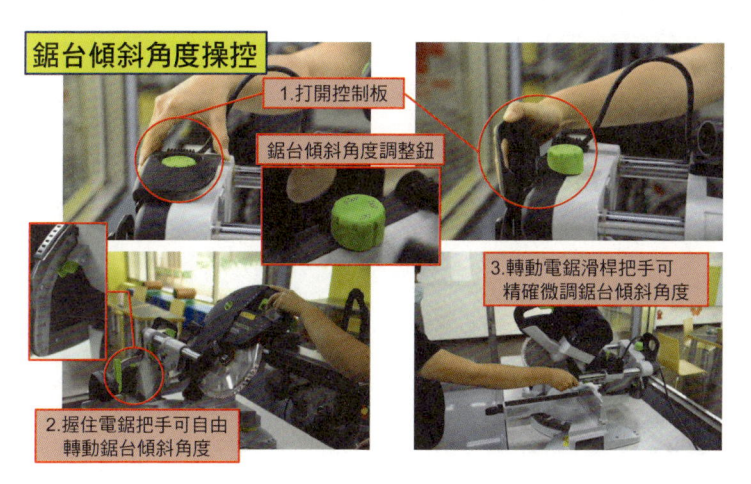

（圖3-74，鋸台傾斜角度操控程序。示範：朱芸霈。拍攝：王龍盛）

鋸台傾斜角度操控程序：如上圖所示。

**鋸路(雷射裁切)指示線操控**

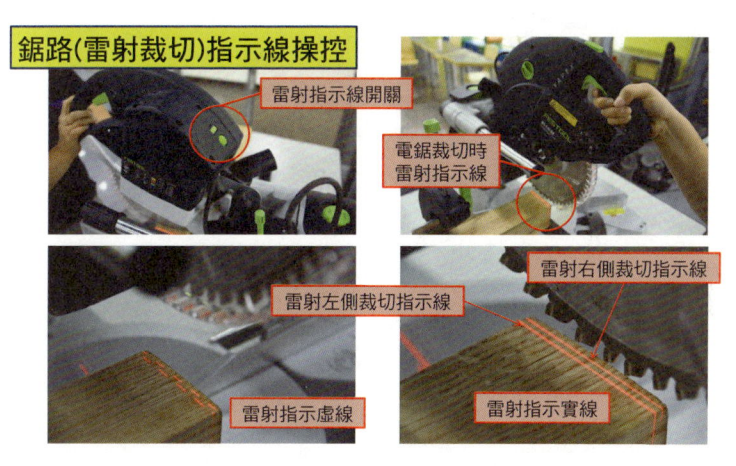

雷射指示線開關
電鋸裁切時雷射指示線
雷射左側裁切指示線
雷射右側裁切指示線
雷射指示虛線
雷射指示實線

（圖3-75，鋸路（雷射裁切）指示線操控方法。示範：朱芸霈。拍攝：王龍盛）

鋸路（雷射裁切）指示線操控方法：
雷射裁切線操控方法，如上圖所示。兩雷射線間為電鋸裁切鋸路。

**創意實作** ▶ 木工機具操作輕鬆學

裁切固定座操控
1 調整押桿
2 鎖定扳手
3 木材固定完成
4 進行裁切

（圖3-76，裁切固定座操控方法（一）。示範：朱芸霈。拍攝：王龍盛）

裁切固定座操控方法（一）：
裁切固定座，用以固定木材，強化木材的穩定度，增加裁切時的安全性。

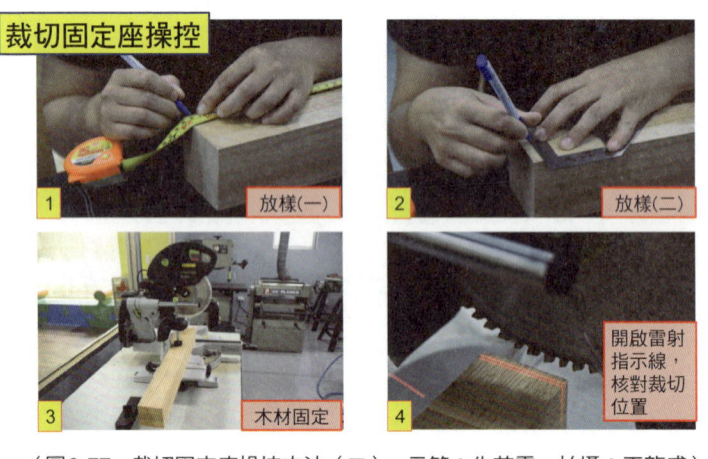

裁切固定座操控
1 放樣(一)
2 放樣(二)
3 木材固定
4 開啟雷射指示線，核對裁切位置

（圖3-77，裁切固定座操控方法（二）。示範：朱芸霈。拍攝：王龍盛）

裁切固定座操控方法（二）：
木材裁切前，必須先放樣（以捲尺量距，直角規定直角），接著以雷射裁切線核對後，再以裁切固定座固定木材，準備進行裁切。

**木材裁切操控**

（圖3-78，木材裁切程序。示範：朱芸霈。拍攝：王龍盛）

木材裁切程序：
（1）啟動開關。（2）確定裁切線。（3）、（4）拉出電鋸下壓並往前推，進行裁切。

**鋸台傾角裁切操控**

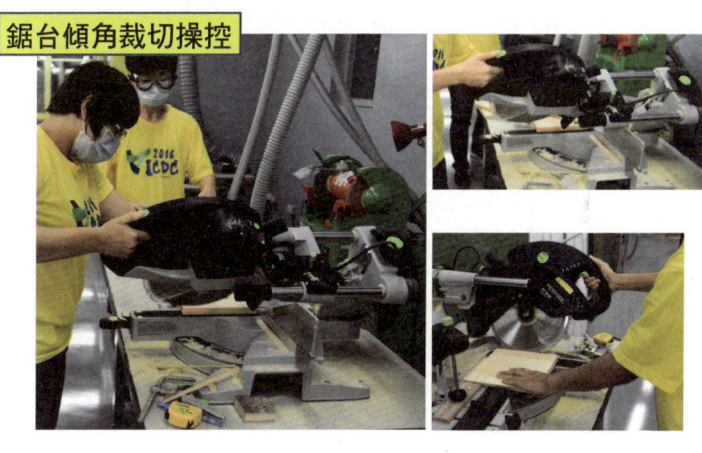

（圖3-79，鋸台傾角裁切操控。示範：朱芸霈。拍攝：王龍盛）

鋸台傾角裁切操控：
水平成角及垂直傾角裁切是本機器最大特色，但危險性相對也較高，故操作時務必小心。

創意實作 ▶ 木工機具操作輕鬆學

斜切作品完成

（圖3-80，精密斜切成品製作。示範：朱芸霈。拍攝：王龍盛）

精密斜切成品製作：
製作六角型旋轉箱，必須精準控制電鋸的斜切角度，才能獲得完美的成品，本機器精密度極高，是值得信賴的裁切電鋸。
（本作品經角度圓鋸機精密裁切後，再以釘鎗、樹脂組合固定）

## 平鉋機單元

**平鉋機**

大型板材、角材鉋平專用

（圖3-81，角度圓鋸機單元。拍攝：王龍盛）

平鉋機各部名稱(一)
- 平鉋機刀具室
- 平鉋機台（含推進棘輪）
- 鉋削厚度調整輪
- 基座

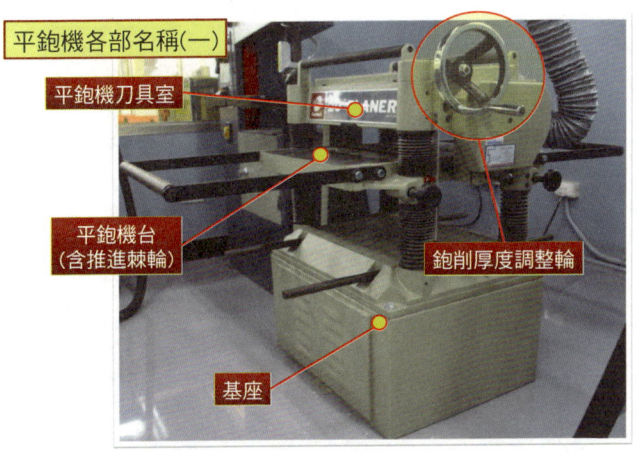

（圖3-82，平鉋機各部名稱（一）。拍攝：王龍盛）

平鉋機各部名稱（一）：平鉋機各項操作機構名稱，如上圖所示。
鉋削厚度調整輪可以上下移動「平鉋機台」之高度，用以控制木材鉋削的厚度。

3-67

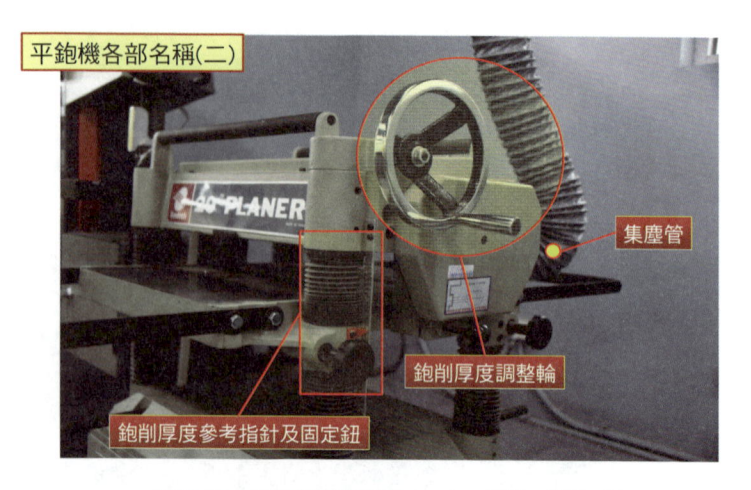

（圖3-83，平鉋機各部名稱（二）。拍攝：王龍盛）

平鉋機各部名稱（二）：平鉋機各項操作機構名稱，如上圖所示。
鉋削平台高度決定板材鉋削厚度，因此鉋削前必須用調整輪，調整鉋削平台至正確位置並以固定鈕固定，方可進行鉋削的工作。

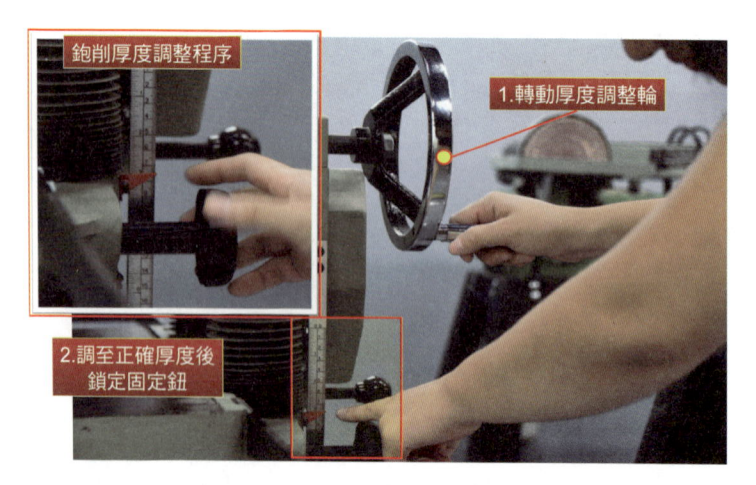

（圖3-84，平鉋機鉋削厚度調整程序。示範：朱芸霈。拍攝：王龍盛）

平鉋機鉋削厚度調整程序：
鉋削厚度調整程序，如上圖所示。機台鉋削厚度指針只是相近似參考值，實際鉋削厚度必須在板材鉋削後，用鋼尺或游標卡尺確實量測為準。

### 鉋削程序(一)

1. 啟動開關
2. 把木材推入機台

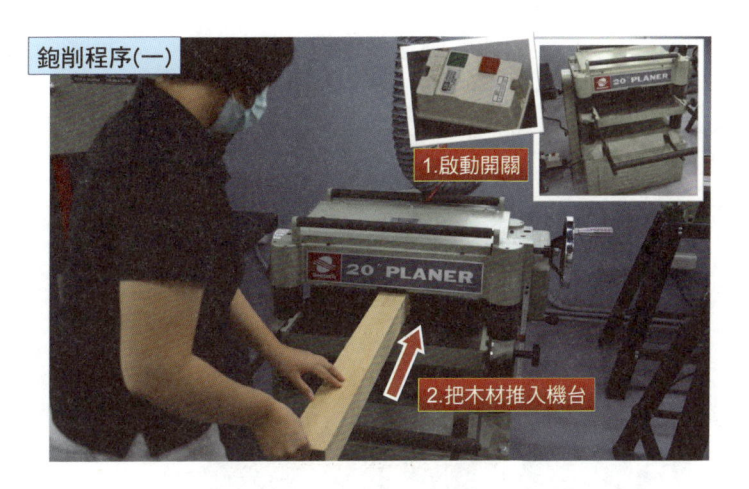

（圖3-85，鉋削程序（一）。示範：朱芸霈。拍攝：王龍盛）

鉋削程序（一）：鉋削程序，如上圖所示。
首次鉋削時，必須確定木材厚度，再調整機台鉋削厚度，才可進行鉋削。

### 鉋削程序(二)

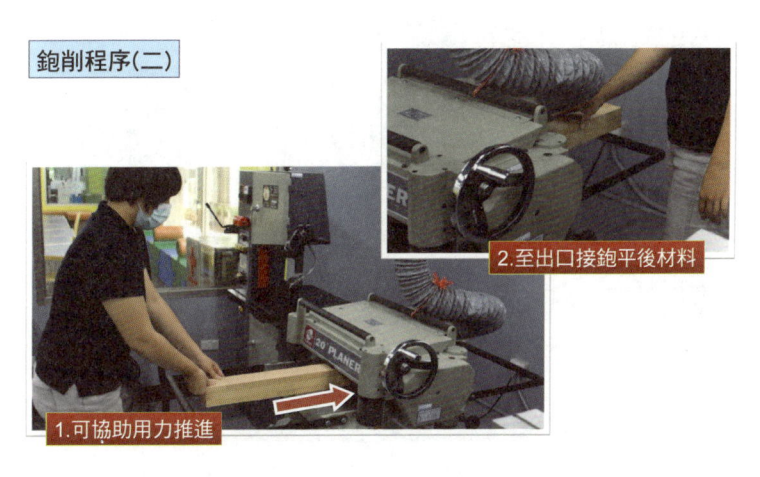

1. 可協助用力推進
2. 至出口接鉋平後材料

（圖3-86，鉋削程序（二）。示範：朱芸霈。拍攝：王龍盛）

鉋削程序（二）：如上圖所示。
鉋削程序結束後，務必以高壓氣鎗進行平鉋機具的保養整理。

## 曲線裁切機

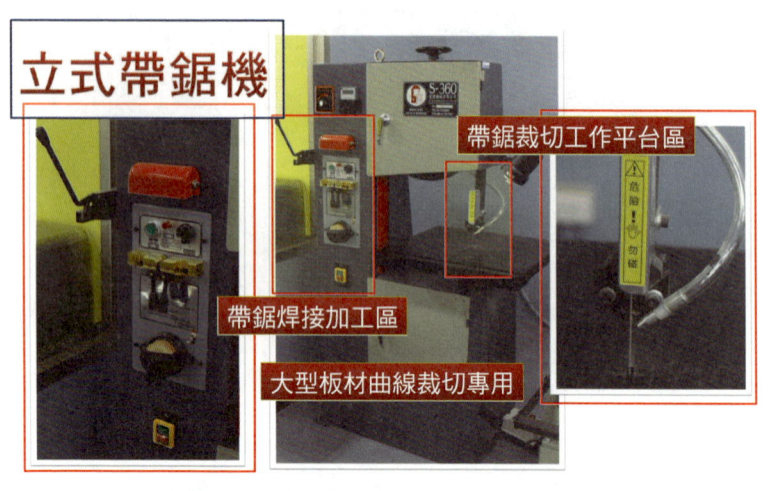

（圖3-87，立式帶鋸機各部名稱。拍攝：王龍盛）

立式帶鋸機各部名稱：
立式帶鋸機適合較大型板材的曲線裁切，各部機構名稱，如上圖所示。

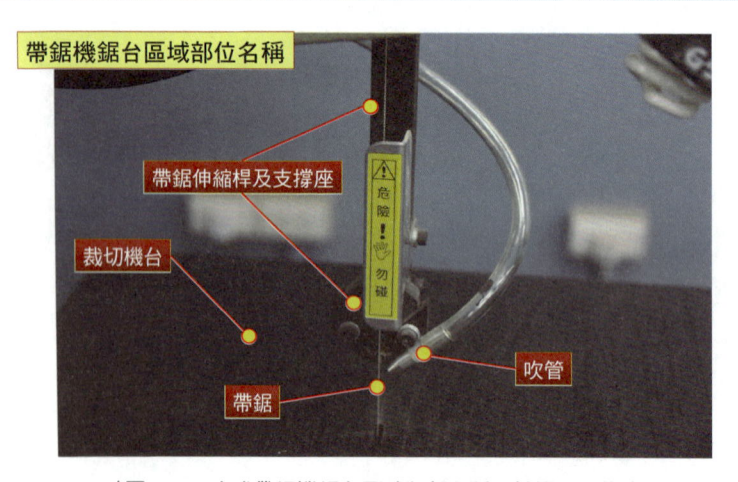

（圖3-88，立式帶鋸機鋸台區域各部名稱。拍攝：王龍盛）

立式帶鋸機鋸台區域各部名稱：
帶鋸伸縮桿及支撐座，須依板材厚度調整高低，也是帶鋸裁切時的後撐結構，可穩定鋸條，提高正確性。吹管則可把鋸屑清除，讓放樣線清晰展示，使裁切順暢。

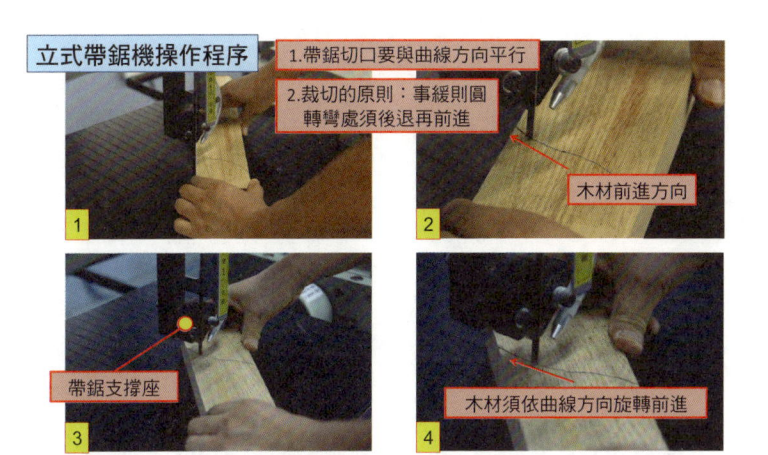

(圖3-89，立式帶鋸機操作程序。示範：王龍盛。拍攝：朱芸霈）

立式帶鋸機操作程序：
曲線轉彎時需緩慢且採用「後退再前進」的原則，進行曲線裁切。

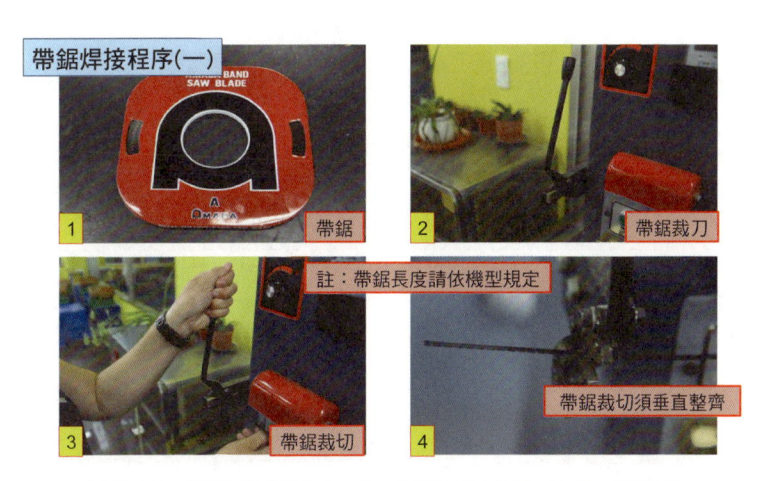

(圖3-90，帶鋸焊接程序（一）。示範：朱芸霈。拍攝：王龍盛）

帶鋸焊接程序（一）：
利用裁刀把帶鋸條裁成需要長度。此部分學員請勿操作，當委請管理人員處理。

3-71

創意實作 ▶ 木工機具操作輕鬆學

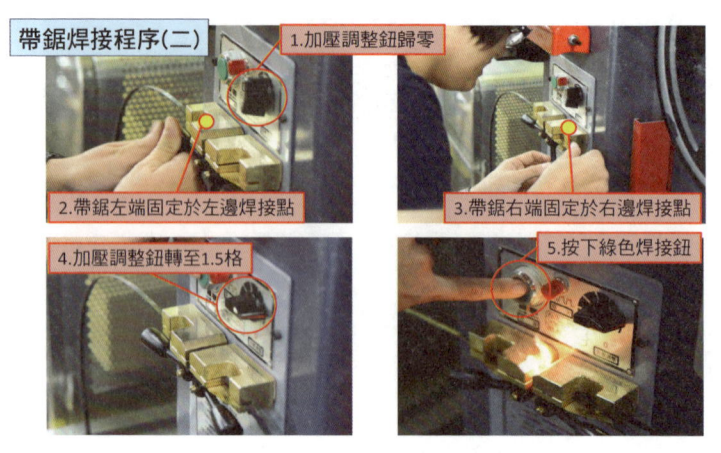

（圖3-91，帶鋸焊接程序（二）。示範：朱芸霈。拍攝：王龍盛）

帶鋸焊接程序（二）：焊接操作程序，如上圖所示。
鋸片焊接的時間會因鋸片厚度不同而增減（請依機器設定的操作程序而定）。
此部分學員請勿操作，須由管理人員處理。

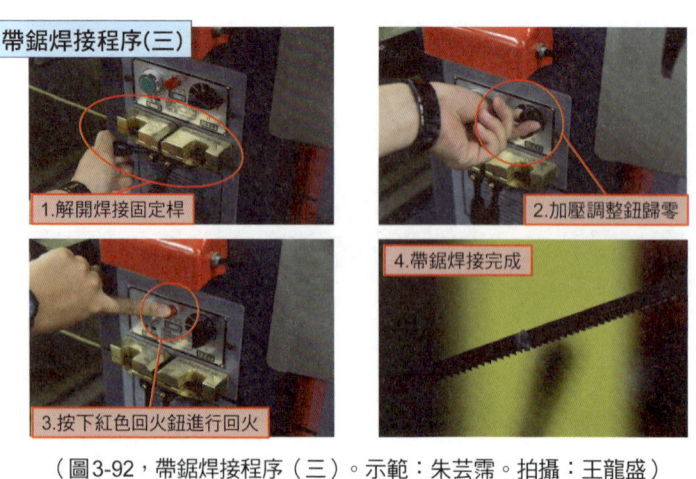

（圖3-92，帶鋸焊接程序（三）。示範：朱芸霈。拍攝：王龍盛）

帶鋸焊接程序（三）：
焊接後為了增加帶鋸的彈性，必須進行「回火」處理，操作程序如上圖所示。
此部分學員請勿操作，當委請管理人員處理。

3-72

帶鋸焊接程序(四)

焊接完成之帶鋸須把焊接處焊渣磨平，才能安裝於鋸台上

（圖3-93，帶鋸焊接程序（四）。示範：朱芸霈。拍攝：王龍盛）

帶鋸焊接程序（四）：
焊接後必須利用砂輪磨平焊渣，讓帶鋸運作順暢，操作方法，如上圖所示。
此部分學員請勿操作，當委請管理人員處理。

## 桌上型線鋸機單元

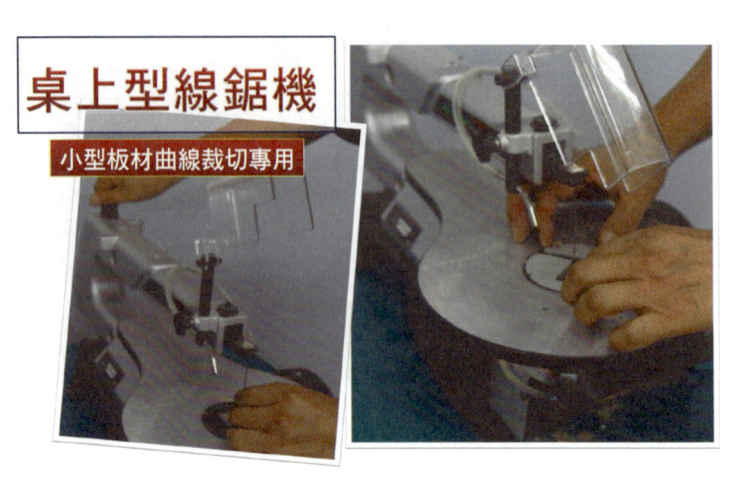

（圖3-94，桌上型線鋸機單元。示範：王龍盛。拍攝：朱芸霈）

此機型適合小型板材的曲線裁切。

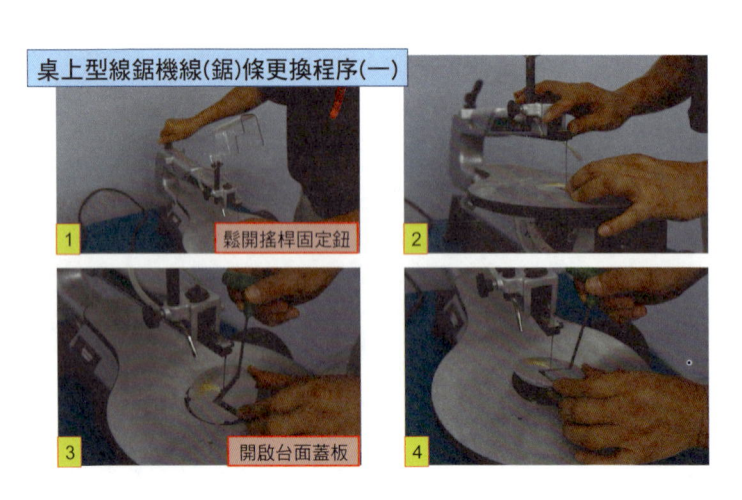

（圖3-95，桌上型線鋸機線（鋸）條更換程序（一）。示範：王龍盛。拍攝：朱芸霈）

桌上型線鋸機線（鋸）條更換程序（一）：如上圖所示。
1. 先鬆開搖桿固定鈕。2. 開啟台面蓋板。

3-74

桌上型線鋸機線(鋸)條更換程序(二)

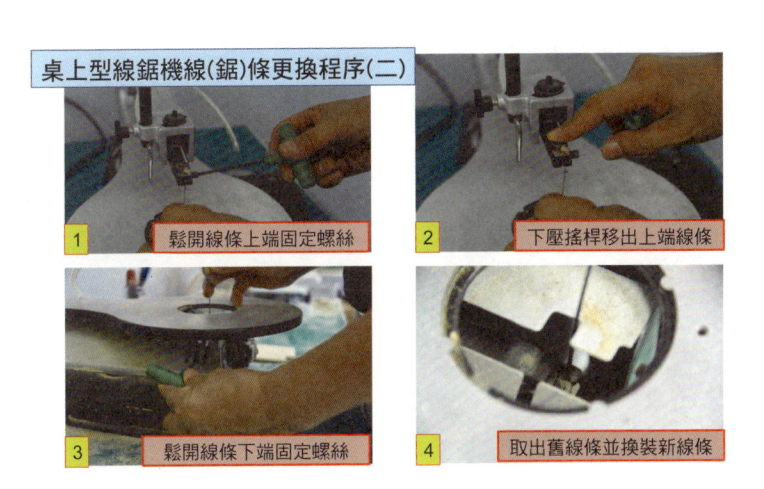

1. 鬆開線條上端固定螺絲
2. 下壓搖桿移出上端線條
3. 鬆開線條下端固定螺絲
4. 取出舊線條並換裝新線條

（圖3-96，桌上型線鋸機線（鋸）條更換程序（二）。示範：王龍盛。拍攝：朱芸霈）

桌上型線鋸機線（鋸）條更換程序（二）：如上圖所示。

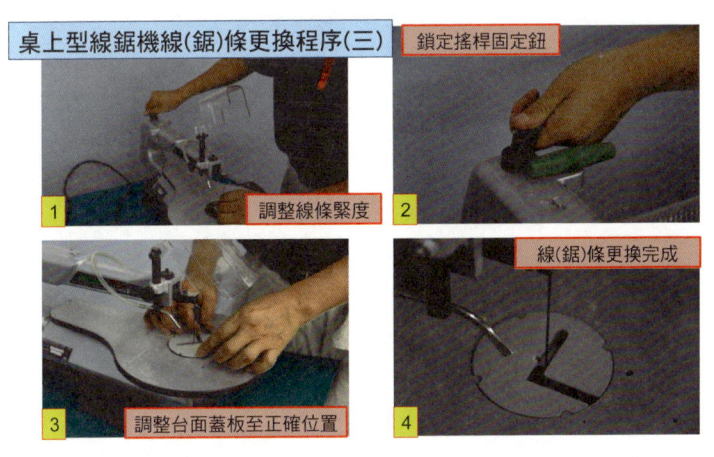

桌上型線鋸機線(鋸)條更換程序(三)

1. 調整線條緊度
2. 鎖定搖桿固定鈕
3. 調整台面蓋板至正確位置
4. 線(鋸)條更換完成

（圖3-97，桌上型線鋸機線（鋸）條更換程序（三）。示範：王龍盛。拍攝：朱芸霈）

桌上型線鋸機線（鋸）條更換程序（三）：如上圖所示。

3-75

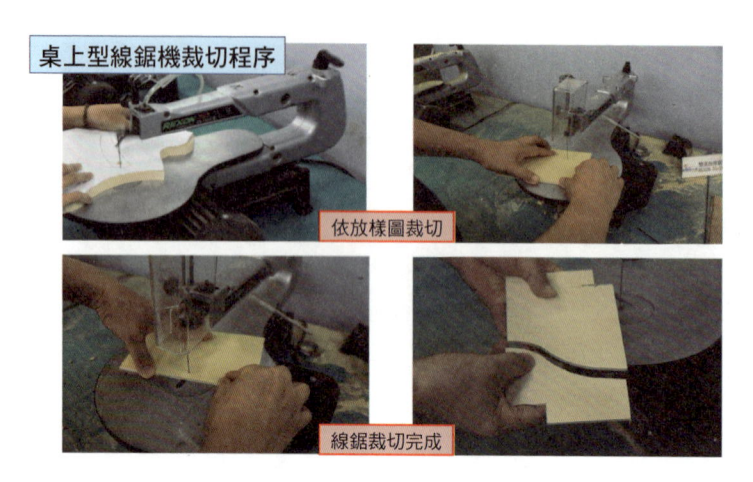

（圖3-98，桌上型線鋸機裁切程序。示範：王龍盛。拍攝：朱芸霈）

桌上型線鋸機裁切程序：
線鋸的裁切能力不如帶鋸，但因適合小型薄板，故操控能力佳，易裁切出半徑更小、曲度更大的弧線。操作方法，如上圖所示。

## 手提線鋸機單元

手提線鋸機

（圖3-99，手提線鋸機單元。示範：王龍盛。拍攝：朱芸霈）

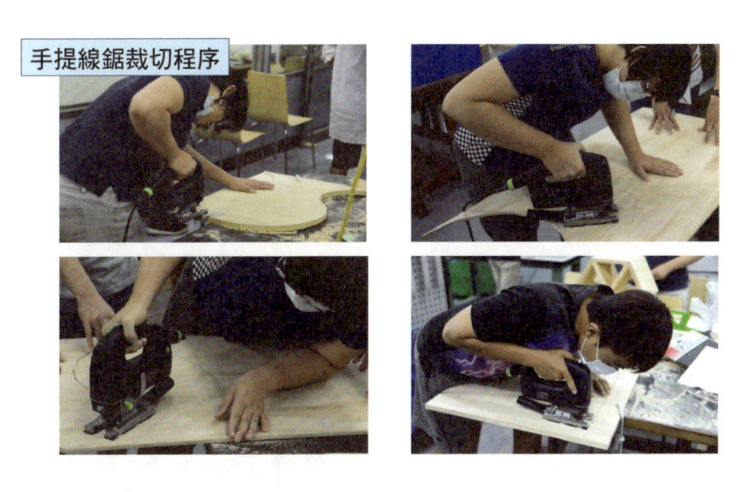

手提線鋸裁切程序

（圖3-100，手提線鋸機裁切程序。示範：朱芸霈。拍攝：王龍盛）

手提線鋸機裁切程序：
手提線鋸機是簡單容易操作的曲線裁切機具，操作時只須持穩機具依放樣線條進行裁切即可；唯曲線裁切控制能力不佳，且裁切垂直面亦不易掌控。

創意實作 ▶ 木工機具操作輕鬆學

## 成品製作篇

### 方桌製作單元

方桌製作

（圖3-101，方桌製作單元。拍攝：王龍盛）

使用設備及工具：
平台圓鋸機、角度圓鋸機、手提修邊機、鉋刀、手提電動砂磨機、手提電鑽、直角定規、鑿刀、鐵鎚、F夾、製圖工具、押尺、毛刷

製作材料：
白橡木、可調式腳螺旋、白膠、護木漆

（圖3-102，方桌製作採用設備及材料。拍攝：王龍盛）

方桌製作採用設備及材料：如上圖所示。

3-78

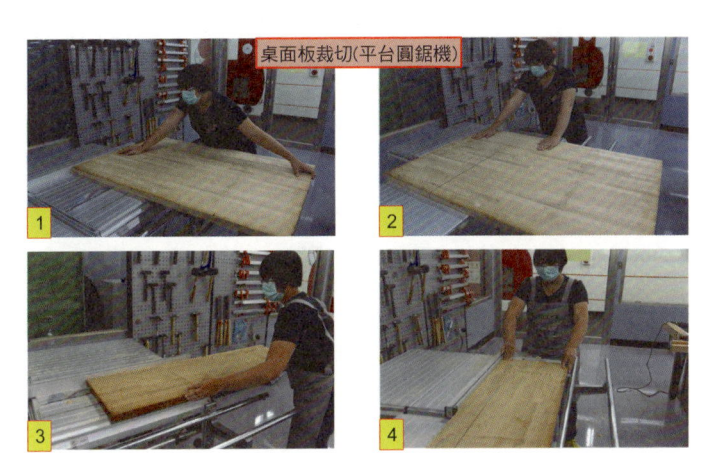

（圖3-103，桌面板裁切。示範：朱芸霈。拍攝：王龍盛）

桌面板裁切：
採用平台圓鋸機裁切桌面板、桌腳繫梁。

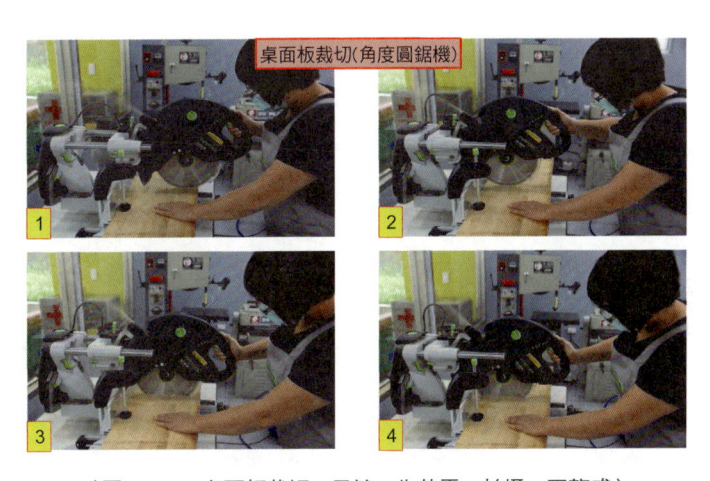

（圖3-104，桌面板裁切。示範：朱芸霈。拍攝：王龍盛）

桌面板裁切：
利用角度圓鋸機，裁切桌面板及桌腳繫梁。

（圖3-105，桌腳斜度造型裁切。示範：王龍盛。拍攝：朱芸霈）

桌腳斜度造型裁切：
1. 利用圓鋸機橫切平台固定自製斜度模組。 2、3、4進行桌腳造型斜度裁切。

（圖3-106，桌腳鉋刀修平。示範：王龍盛。拍攝：朱芸霈 5

桌腳鉋刀修平：
使用鉋刀鉋削桌腳，使尺寸正確、表面平整。

3-80

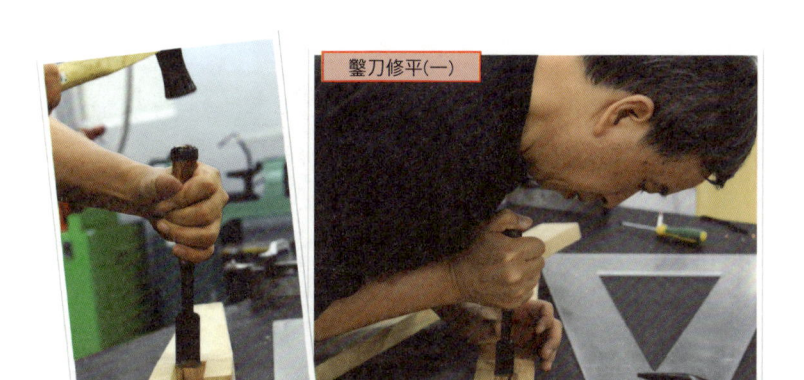

（圖3-107，榫鑿鑿刀修平（一）。示範：王龍盛。拍攝：朱芸霈）

榫鑿鑿刀修平（一）：
採用鑿刀進行桌腳繫梁榫槽製作及修平程序。

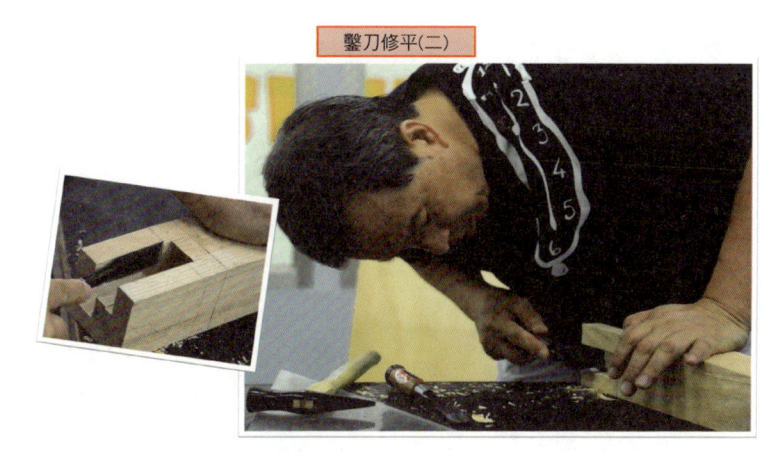

（圖3-108，鑿刀修平（二）。示範：王龍盛。拍攝：朱芸霈）

鑿刀修平（二）：
利用鑿刀修平榫槽，至尺寸完全正確。

創意實作 ▶ 木工機具操作輕鬆學

鑿刀修平(三)

（圖3-109，鑿刀修平（三）。示範：王龍盛。拍攝：朱芸霈）

鑿刀修平（三）：
必須控制鑿刀修平榫槽，確定榫槽尺寸完全正確。

木螺栓施作

（圖3-110，木螺栓施作。示範：王龍盛。拍攝：朱芸霈）

木螺栓施作：
先以手提電鑽鑽孔，植入木螺栓、樹脂，強化桌腳與繫梁之結構強度。

（圖3-111，桌腳框架組立及修平。示範：王龍盛。拍攝：朱芸霈）

桌腳框架組立及修平：
桌腳繫梁框架組立後，以鉋刀修平各結合點，並以刮尺檢查平整度，確保可與桌面完整結合。

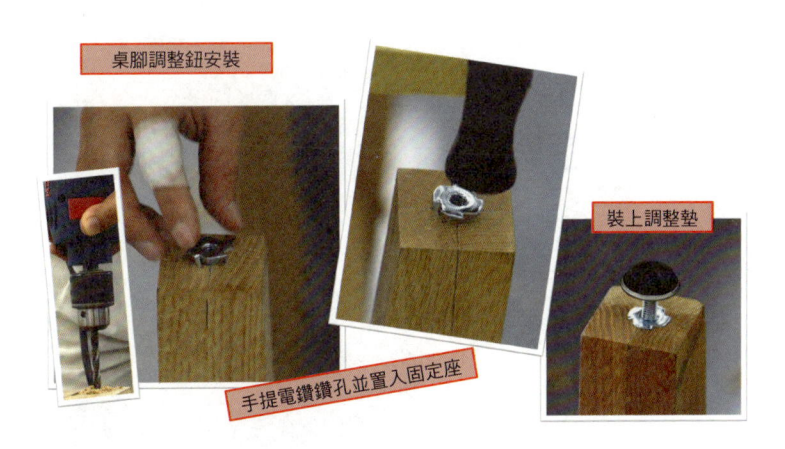

（圖3-112，桌腳高度調整鈕安裝。示範：王龍盛。拍攝：朱芸霈）

桌腳高度調整鈕安裝：先以電鑽鑽孔，再植入高度調整鈕並固定之。

3-83

創意實作 ▶ 木工機具操作輕鬆學

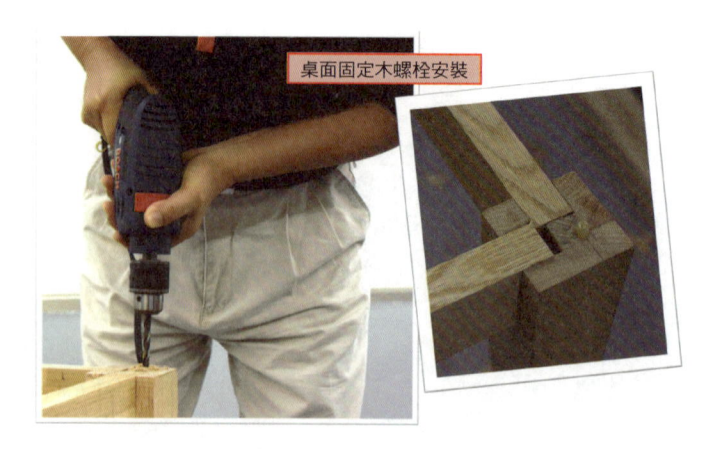

桌面固定木螺栓安裝

（圖3-113，木螺栓安裝。示範：王龍盛。拍攝：朱芸霈）

木螺栓安裝：
為了強化桌面與桌腳結合力，以電鑽鑽孔並植入木螺栓，加樹脂強化。

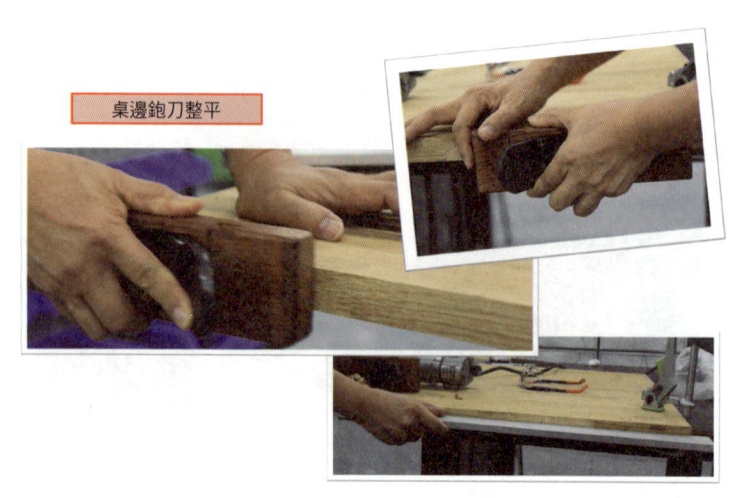

桌邊鉋刀整平

（圖3-114，桌邊鉋刀修平。示範：王龍盛。拍攝：朱芸霈）

桌邊鉋刀修平：
以鉋刀修平桌邊，並以刮尺校正，確定桌邊平直無誤。

3-84

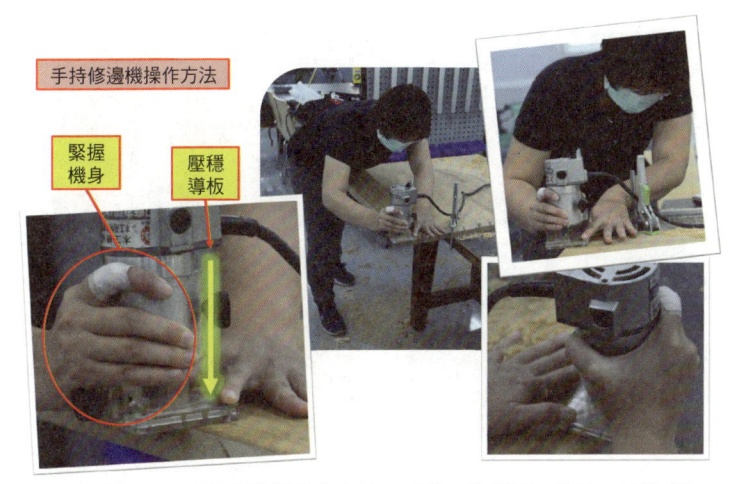

（圖3-115，手持修邊機操作方法。示範：朱芸霈。拍攝：王龍盛）

手持修邊機操作方法：
必須緊握機身並靠穩導板，讓修邊機平穩運作。修邊機操作時須特別小心且穩定控制，才能使修邊機發揮最有效的功能。

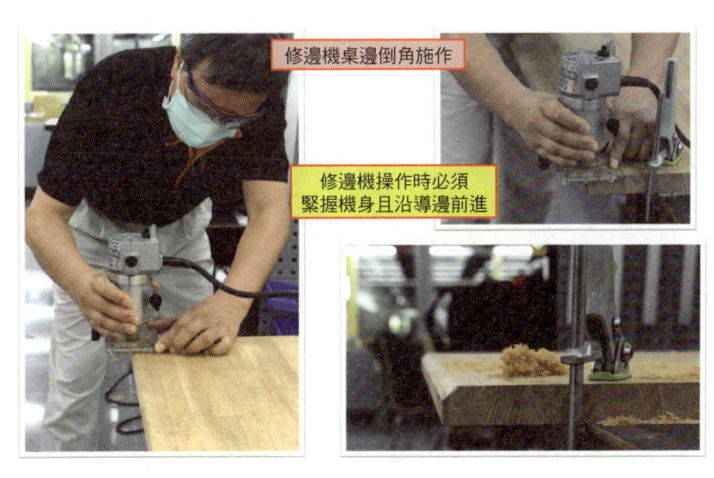

（圖3-116，桌面四周 45°倒角製作。示範：王龍盛。拍攝：朱芸霈）

桌面四周 45°倒角製作：
首先以 F 夾固定桌面板，再手持修邊機進行桌邊 45°倒角處理。

3-85

創意實作 ▶ 木工機具操作輕鬆學

桌面組裝(一)

1  2  3  4

（圖3-117，桌面板組裝（一）。示範：王龍盛。拍攝：朱芸霈）

**桌面板組裝（一）：**
桌面板須在正確位置以電鑽鑽孔，並在桌腳及繫梁間填上樹脂，以鐵鎚經敲桌腳進行組合。

桌面組裝(二)

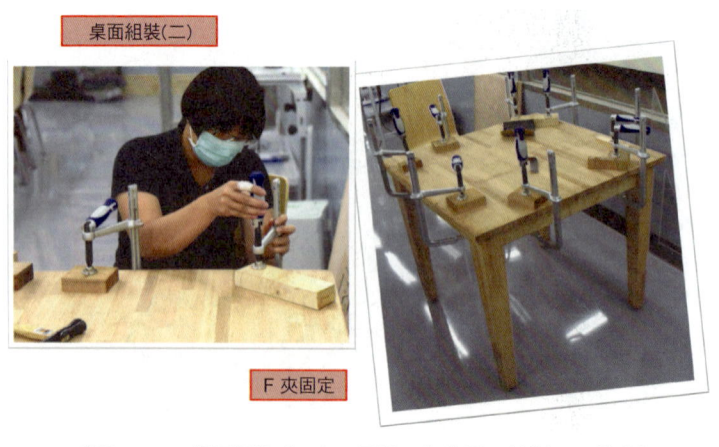

F 夾固定

（圖3-118，桌面組裝（二）。示範：朱芸霈。拍攝：王龍盛）

**桌面組裝（二）：**
以 F 夾固定桌腳與桌面，等樹脂乾固後再移除夾具。

砂磨加工

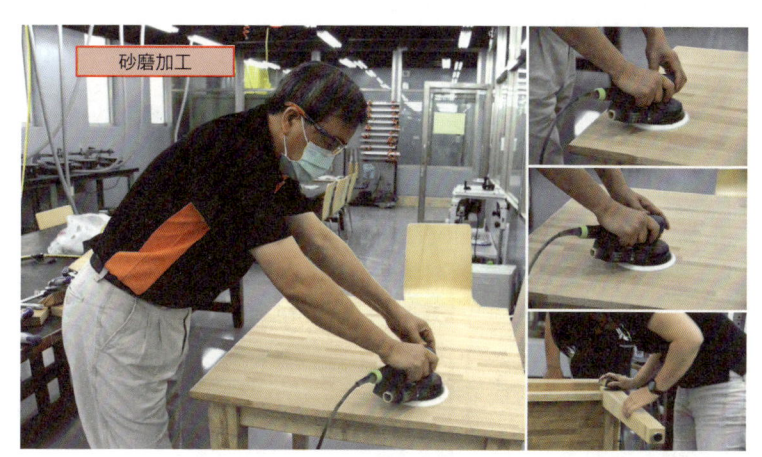

（圖3-119，砂磨加工。 示範：王龍盛。拍攝：朱芸霈）

砂磨加工：
以電動砂磨機研磨桌面，桌腳部分則進行手工砂磨，作為塗裝的前置作業。

方桌完成

（圖3-120，方桌製作完成。拍攝：王龍盛）

方桌製作完成。

3-87

(圖3-121，塗裝。)

塗裝
製作完成後，以木器二度底漆塗裝，待底漆硬化後再以 400 號砂紙研磨。如果有需要亦可進行表面亮光漆塗裝。

養成做筆記的習慣，把生活上觀察的小事情記錄下來！
創意也跟著來囉～

養成做筆記的習慣，把生活上觀察的小事情記錄下來！
創意也跟著來囉～

養成做筆記的習慣，把生活上觀察的小事情記錄下來！
創意也跟著來囉～

養成做筆記的習慣，把生活上觀察的小事情記錄下來！
創意也跟著來囉～

養成做筆記的習慣，把生活上觀察的小事情記錄下來！
創意也跟著來囉～

國家圖書館出版品預行編目資料

創意實作—Maker 具備的 9 種技能 ③：木工機具操作輕鬆學 / 王龍盛編 . -- 1 版 . -- 臺北市：臺灣東華, 2018.01

104 面；17x23 公分

ISBN 978-957-483-921-6　（第 1 冊：平裝）
ISBN 978-957-483-922-3　（第 2 冊：平裝）
ISBN 978-957-483-923-0　（第 3 冊：平裝）
ISBN 978-957-483-924-7　（第 4 冊：平裝）
ISBN 978-957-483-925-4　（第 5 冊：平裝）
ISBN 978-957-483-926-1　（第 6 冊：平裝）
ISBN 978-957-483-927-8　（第 7 冊：平裝）
ISBN 978-957-483-928-5　（第 8 冊：平裝）
ISBN 978-957-483-929-2　（第 9 冊：平裝）
ISBN 978-957-483-930-8　（全一冊：平裝）

創意實作—Maker 具備的 9 種技能 ③
## 木工機具操作輕鬆學

| 編　　者 | 王龍盛 |
| --- | --- |
| 發 行 人 | 陳錦煌 |
| 出 版 者 | 臺灣東華書局股份有限公司 |
| 地　　址 | 臺北市重慶南路一段一四七號三樓 |
| 電　　話 | (02) 2311-4027 |
| 傳　　眞 | (02) 2311-6615 |
| 劃撥帳號 | 00064813 |
| 網　　址 | www.tunghua.com.tw |
| 讀者服務 | service@tunghua.com.tw |
| 門　　市 | 臺北市重慶南路一段一四七號一樓 |
| 電　　話 | (02) 2371-9320 |
| 出版日期 | 2018 年 1 月 1 版 1 刷 |

| ISBN | 978-957-483-923-0 |
| --- | --- |

版權所有・翻印必究